粮食主产区宽垄沟灌技术要素与作物需水特性研究

汪顺生 著

U0227495

科学出版社

北京

内 容 简 介

　　本书主要介绍农田水利工程中宽垄沟灌技术的发展过程及技术要素与作物需水特性的相关研究，全书内容包括：宽垄沟灌条件下沟垄田规格参数对田面水流运动特性影响的研究；小麦、玉米宽垄沟灌条件下土壤水分运动规律，在其基础上进行了沟灌技术参数优化，并采用数值模拟进行了验证；分析了宽垄沟灌种植模式对冬小麦、夏玉米的生理生态影响；同时，对宽垄沟灌的灌溉制度进行了研究。全书理论与实践相结合，内容翔实，层次分明，具有较强的实用性。

　　本书可供从事或涉及节水灌溉技术工作的人员查用，还可供高等院校师生及其他技术人员在生产、教学和科研工作中学习和参考阅读。

图书在版编目(CIP)数据

　　粮食主产区宽垄沟灌技术要素与作物需水特性研究 / 汪顺生著. —北京：科学出版社，2017.10
　　ISBN 978-7-03-054953-2

　　Ⅰ.①粮… Ⅱ.①汪… Ⅲ.①粮食产区-垄作-沟灌-研究 ②粮食作物-需水量-研究 Ⅳ.①S51

　　中国版本图书馆 CIP 数据核字 (2017) 第 260579 号

责任编辑：张　展　于　楠 / 责任校对：高慧元
责任印制：罗　科 / 封面设计：墨创文化

科 学 出 版 社 出版

北京东黄城根北街16号
邮政编码：100717
http://www.sciencep.com

成都锦瑞印刷有限责任公司 印刷
科学出版社发行　各地新华书店经销

*

2017 年 10 月第 一 版　　开本：787×1092 1/16
2017 年 10 月第一次印刷　　印张：8 1/2
字数：230 千字

定价：68.00 元
(如有印装质量问题，我社负责调换)

前　言

目前，世界各国都面临水资源缺乏的问题，随着我国经济社会的不断发展，越发严重的水环境恶化和水资源短缺已成为社会和经济发展的严重制约因素。我国水资源短缺的情况逐渐扩大到全国范围，且程度明显加剧。预计到 2030 年，我国人均水资源占有量将逼近全球公认的水资源严重不足的最低线——1700m³，未来水资源状况将不容乐观。除了开辟新的水资源，节约用水则是解决当前水资源紧缺的首要途径。根据中华人民共和国水利部资料统计，农业用水仍是我国用水大户，占全国总用水量的 62％。我国渠灌区灌溉水利用系数仅有 40％左右，井灌区也只有 60％左右，而发达国家灌溉水利用系数可达 70％以上。用水效率不高是农业水资源浪费的主要原因，为解决严重的水资源短缺和农业用水浪费的问题，节水农业的发展是必不可少的。因此，为解决中国水危机，就要发展大规模高效节水农业，在提高灌溉水利用效率的同时，降低单位产出农产品的耗水量。通过发展节水农业技术和种植抗旱节水高产高效作物品种，挖掘农业生产中的节水潜力。我国 95％以上农田灌溉面积仍采用地面灌溉技术，这主要是由于地面灌溉田间工程具有设施简单、易于实施、运行成本低等优点，但地面灌溉效率不高。因此，发展地面灌溉对于缓解我国农业用水的供需矛盾、发展节水型农业意义重大。

小麦、玉米宽垄沟灌种植模式是近几年从国外引进的一项新的栽培技术措施，其通过对传统平作栽培的一系列技术上的改进，产生了良好的生理生态效应，同时有利于最大限度地发挥作物的边行优势。在我国粮食主产地区，垄作沟灌技术经过多年发展，设计和管理水平有了一定程度的提高。垄作种植模式可提高耕层温度，是改善土壤温度状况的有效措施。垄作由于形成了上虚下实的土壤结构，土壤孔隙度和土壤呼吸强度提高，土壤微生物活动增加，使土壤酶活性得到了增强；宽垄沟灌将土壤平面形成垄面垄沟相间的波浪状态，作物种植在垄上，灌水、施肥等管理措施在垄沟进行，降低了干扰，水分集中在垄沟，以渗透形式进入垄体，有利于作物吸收水分和养分，与传统种植模式相比，宽垄种植模式降低了土壤容重，土壤孔隙度增加，形成一种上虚下实的土壤结构，为作物的生长发育提供了有利条件；宽垄沟灌能有效提高作物水分利用效率，垄作通过改变微地形，实现土壤地貌特征和结构的优化，扩大了土壤蓄水能力，水土流失减少，产生良好的节水效应。

随着社会经济的快速发展，我国对水资源的需求仍在不断增加。特别是人口的不断增长，对农产品的需求越来越多，要求的保障程度也越来越高，加之城市及工业用水量的快速增长，对水资源供应施加的压力也越来越大。为了保障整个社会的持续稳定发展，大力发展节水事业、高效利用有限的水资源就成为唯一的可行途径。大力发展节水灌溉，提高农业用水的利用效率，对于缓解我国水资源紧缺状况、保证农业的持续发展，以及保障整个社会的水资源供应都具有重要意义。

本书的主要内容：结合河南省粮食主产区的生产实际情况和自然条件，以冬小麦、夏玉米为研究对象，以降低农业用水、提高区域农业水资源利用效率和作物综合生产能力为目标，深化研究小麦、玉米宽垄沟灌种植条件下土壤水分运动规律，在其基础上进行了沟灌技术参数优化，并采用数值模拟进行了验证；分析了宽垄沟灌种植模式对冬小麦、夏玉米的生理生态影响；同时，对宽垄沟灌种植的灌溉制度进行了研究。

　　本书由汪顺生撰写并统稿。本书在编写过程中，从专业要求出发，力求加强基本理论、基本概念和基本技能等方面的阐述。华北水利水电大学的高传昌教授和西安理工大学的费良军教授对全书进行了系统的审阅，提出了许多宝贵的修改意见，在此表达最诚挚的谢意。科学出版社为本书的出版付出了辛勤的劳动，研究生刘东鑫、王康三、李欢欢、薛红利等参与了本书的文字、图、表处理等工作，在此表示衷心的感谢。

　　由于作者水平有限，书中难免存在不妥之处，恳请读者批评指正。

目　　录

第一章 绪 论

第一节 研究背景与意义

目前，世界各国都面临水资源缺乏的问题，随着我国经济社会的不断发展，越发严重的水环境恶化和水资源短缺已成为社会和经济发展的严重制约因素。我国虽然拥有的淡水资源占全球水资源总量的 6%，位居世界第四位，但人均占有量不足世界平均水平的 1/4，是全球 13 个人均水资源最贫乏国家之一。我国水资源短缺的情况逐渐扩大到全国范围，且程度明显加剧。预计到 2030 年，我国人均水资源占有量将逼近全球公认的水资源严重不足的最低线——1700m³，未来水资源状况将不容乐观。除了开辟新的水资源，节约用水则是解决当前水资源紧缺的首要途径。

根据中华人民共和国水利部 2012 年资料统计，农业用水仍是我国用水大户，占全国总用水量的 62%。我国渠灌区灌溉水利用系数仅有 40% 左右，井灌区也只有 60% 左右，而发达国家灌溉水利用系数可达 70% 以上。用水效率不高是农业水资源浪费的主要原因，一方面是因为灌溉设施不完善和灌溉技术落后造成输水过程中的浪费，另一方面是因为灌溉水不符合作物生理生态需求，导致水分利用效率不高。为解决严重的水资源短缺和农业用水浪费的问题，节水农业的发展是必不可少的。因此，为解决我国水危机，就要发展大规模高效节水农业，在提高灌溉水利用效率的同时，降低单位产出农产品的耗水量。通过发展节水农业技术和种植抗旱节水高产高效作物品种，挖掘农业生产中的节水潜力。

随着社会经济的持续发展，淡水资源、土地资源的日趋紧张和水资源供需矛盾的日益突出，已成为制约农业可持续发展的主要因素。与我国北方大部分半干旱地区相似，河南省粮食主产区的农田水利用效率相对较低，水分生产率不足 1.0kg/m³，不到发达国家的 1/2。如何科学合理用水，提高水分利用效率，使有限的水资源发挥更大的经济和社会效益，是农业生产中迫切需要解决的一个重大问题，也是保障和维护粮食安全的主要措施之一。

畦灌和沟灌在我国农业灌溉中占主导地位，我国 95% 以上农田灌溉面积仍采用地面灌溉技术。这主要是由于地面灌溉田间工程具有设施简单、易于实施、运行成本低等优点；但地面灌溉效率不高。有关专家指出，如果采用新的地面灌水技术，地面灌溉同样有着较高的灌水效率、储水效率和灌水均匀度。因此，发展地面灌溉对于缓解我国农业用水的供需矛盾、发展节水型农业意义重大。

20 世纪中叶以来，尤其是最近 30 年，地面灌溉管理技术取得了很大的发展，其中很重要的一点就是建立了田间灌溉质量评价体系。从此人们可以更加直接地对灌溉体系进行评价。

Blair 等于 1988 年定义了灌水质量综合评价指标，将灌水效果用存储在计划湿润层的水量占灌入田间总水量与欠灌水量的比值来表示；林性粹、王智等修正了 Blair 等的评价指标，把灌水效果用作物蒸发蒸腾量与灌水总量和欠灌水量的比值来表示，去掉了不容易计算的蒸发蒸腾量。Sanchez 和 Faci 于 2011 年提出了季节灌水质量指数（SIPI），把作物实际需水量与灌溉水量之间的关系用净灌溉需水量（NIR）与田间灌水总量的比值来表示。

小麦、玉米宽垄沟灌灌水质量评价方法与其他地面灌溉相同，包括灌水均匀度（E_d）、灌水效率（E_a）和储水效率（E_s）三项指标。灌水均匀度指灌溉水在田间入渗分布的均匀程度，灌水均匀度越高，田块各点作物吸收等量水分的可能性越大，作物生长条件越均匀。灌水效率指根系储水层内增加的水量与实际灌入田间总水量的比值，表征农田灌溉水有效利用的程度。储水效率指灌后存储在计划湿润土壤区内的水量与计划灌水量的比值，表征灌水技术实施后，能够满足计划湿润作物根系土壤区内所需要水量的程度。三项指标同时使用才能全面地评价田间灌水质量。本书选取灌水均匀度、灌水效率和储水效率进行研究，要求三个灌水质量指标均大于 80％ 为灌水质量满足技术要求。

在我国粮食主产地区，垄作沟灌技术经过多年发展，设计和管理水平有了一定程度的提高，但研究多集中在农业技术方面，在节水灌溉理论与技术方面研究较少。

小麦、玉米宽垄沟灌通过对传统平作栽培的一系列技术上的改进，产生了良好的生理生态效应，同时有利于最大限度地发挥作物的边行优势。本书以冬小麦、夏玉米为研究对象，以降低农业用水、提高区域农业水资源利用效率和作物综合生产能力为目标，开展宽垄沟灌垄田规格参数、灌水技术要素、灌溉田面水流运动和土壤水分入渗特性、作物生长发育及作物需水特性和灌溉制度等方面研究具有十分重要的理论价值和生产实际意义。

小麦、玉米宽垄沟灌作为新型的种植方式，打破了传统的小麦和玉米各自种植的方法，近年来逐渐受到人们的关注。小麦、玉米宽垄沟灌将土壤平面变为波浪状，形成垄面垄沟相间的波浪状态，作物种植在垄上，灌水、施肥等管理措施在垄沟进行，降低了干扰，水分集中在垄沟，以渗透形式进入垄体，有利于作物吸收水分和养分。与传统种植模式相比，宽垄种植模式降低了土壤容重，土壤孔隙度增加，形成一种上虚下实的土壤结构，为作物的生长发育提供了有利条件。不同沟垄田规格的土壤水分入渗规律有待研究，这对进行该种植模式的灌水技术要素优化和评价具有重要意义。沟灌水流消退结束时，上层土壤含水率饱和，在土壤水势梯度和重力势的作用下，水分继续向沟两侧和土壤深处运动，湿润锋不断延伸，但运动的速度不断放缓，直至土壤水分的分布结束。

沟灌灌水时，在重力作用下发生垂直入渗的同时，伴随着毛管吸力作用下的侧向入渗。沟灌过程中，水流沿灌水沟向前推进，沟宽、沟深、沟底纵坡、田面糙率等很多参数都会对灌溉水流运动造成影响，而且各参数的影响互相渗透，关系复杂。当前，许多学者对传统沟灌条件下的灌溉水流运动进行了较为广泛的研究。然而，对于小麦、玉米宽垄沟灌条件下各沟灌规格参数与灌溉水流推进和消退的关系等方面的研究少见报道。

土壤入渗特性是设计和管理沟灌技术的重要参数之一，其决定了灌溉过程中水流推进和消退时间、沟垄田入渗深度以及灌水质量。宽垄沟灌同样属于二维入渗，由于沟中水深随时间和空间不断变化，且受到复杂的沟宽、沟深、沟底纵坡及垄宽等土壤特性参数的影响，导致宽垄沟灌的入渗过程更为复杂。

随着我国社会经济的快速发展，对水资源的需求仍在不断增加。特别是人口的不断增长，对农产品的需求越来越多，要求的保障程度也越来越高，加之城市及工业用水量的快速增长，对水资源供应施加的压力也越来越大。为了保障整个社会的持续稳定发展，大力发展节水事业、高效利用有限的水资源就成为唯一的可行途径。大力发展节水灌溉，提高农业用水的利用效率，对于缓解我国水资源紧缺状况、保证农业的持续发展，以及保障整个社会的水资源供应都具有重要意义。

第二节　国内外研究进展

农业高效灌溉技术的研究已经有较长的一段历史。就国内外目前的状况看，主要有以下的研究成果。

一、垄作沟灌技术

国外对作物垄作沟灌技术的研究起步较早，20世纪初已有这方面的研究。目前，美国一半以上的耕地采用以起垄、覆盖、少（免）耕为特点的耕作方式，墨西哥60%的小麦实行了垄作栽培，近年来作物垄作技术已由干旱半干旱地区扩大到多雨的热带草原，由中耕作物扩大到麦类作物，由旱地农业扩展到灌溉农业。垄作在我国同样具有悠久的历史，但发展缓慢。目前，我国传统经济价值较高的蔬菜、棉花、花生、烟草等精细作物多采用垄作栽培技术生产，直至20世纪末才逐渐开展了水稻、玉米、油菜、大豆、小麦等大田作物垄作技术的研究，并取得了良好的效果。

相对于传统平作，垄作将土壤平面形成垄面垄沟相间的波浪状态（图1-1），土壤与近地表大气层之间接触面积扩大，作物种植在垄上，灌水、施肥等管理措施在垄沟进行，降低了干扰，水分集中在垄沟，以渗透形式进入垄体。与传统平作相比，垄作形成的土壤结构上虚下实，熟化土壤层明显加厚，土壤孔隙度增加，土壤容重降低，有利于根系生长最旺盛的耕层吸收水分和养分。

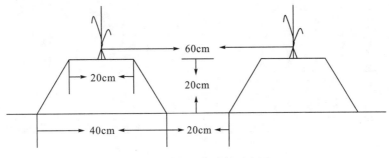

图1-1　常规垄作种植示意图

垄作种植模式可提高耕层温度，是改善土壤温度状况的有效措施。垄作由于形成了上虚下实的土壤结构，土壤孔隙度和土壤呼吸强度提高，土壤微生物活动增加，使土壤酶活性得到了增强。昌龙然、Ebrahimian 等认为，长期实行垄作免耕，土壤有机碳和颗粒态有机碳含量显著高于其他耕作方式。汪顺生等研究发现垄作栽培的夏玉米地上干物质积累量及产量均高于传统平作，指出其适宜在豫西地区推广，垄作还可以增强土壤呼吸强度和还田秸秆的分解强度。

宽垄沟灌能有效提高作物水分利用效率，垄作通过改变微地形，实现土壤地貌特征和结构的优化，扩大了土壤蓄水能力，水土流失减少，产生良好的节水效应。王庆杰等指出，大垄宽窄行免耕种植模式能够增加土壤蓄水保水能力，与均行小垄免耕种植模式相比，大垄宽窄行免耕种植模式可以促进玉米个体发育，增加叶面积指数和干物质积累。研究表明，作物起垄种植水分利用效率明显高于平作，垄作覆盖能最大限度地利用天然降水，使存储在土中的有效降雨转化为作物可用水资源，垄作覆盖作物冠层蒸发量和地面蒸发量明显下降，水分利用效率明显提高。唐文雪研究指出，垄作沟灌栽培 0~10cm 日平均温度较平作提高 1.41℃，水分利用效率较平作提高 2.37~4.71kg/(hm²·mm)。

小麦、玉米宽垄沟灌种植模式是在传统垄作、平作栽培技术上的改进，在宽垄上种植若干行玉米或小麦(图 1-2 和图 1-3)，在一个栽培周期内，把小麦、玉米两熟生产作为一个有机整体，品种、措施统筹安排，以缓解上、下茬的矛盾，同时有利于最大限度地发挥作物的边行优势，确保两茬都能高产、稳产。然而，目前对单一作物单一生长季节垄作的研究较普遍，且偏重于农业栽培方面，对宽垄沟灌尤其是其灌水效应、灌溉制度等方面的研究较少，对沟灌沟垄田规格参数、灌水技术要素和灌溉水流推进与消退的关系、土壤水分再分布等方面的研究也鲜有报道。

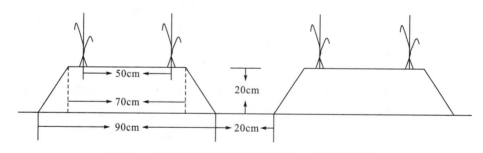

图 1-2　小麦、玉米宽垄沟灌种植模式玉米种植示意图

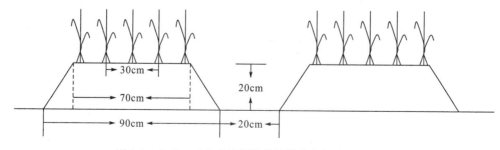

图 1-3　小麦、玉米宽垄沟灌种植模式小麦种植示意图

　　国内外对垄作栽培模式进行了较多的研究，但大多是单纯研究农业种植方面，对种植垄沟规格、灌水方式与作物水分利用等相结合的研究相对较少。

（一）沟垄田规格参数的研究

　　沟垄田规格参数包括垄宽、沟断面形状与尺寸和沟底纵坡等。垄作沟灌有不同于平作独特的技术体系，沟灌灌水时，灌溉水受到两个方面作用力的影响，在重力作用下发生垂直入渗的同时，伴随着毛管吸力作用下的侧向入渗。沟灌灌水过程中，水流沿灌水沟向前推进，沟宽、沟深、沟底坡度、田面糙率等参数都会对灌溉水流运动造成影响，而且各参数的影响交相作用，关系复杂。因此，合理的沟垄田规格参数是提高灌水性能的基础，国内外学者曾对沟垄田规格参数做过优化研究。唐永金应用几何数学和数理方程方法，建立了垄作种植中常用垄形的数学模型，定量地分析了垄宽、垄高对增加地表面积和突出地面的垄体体积的效果。张新燕等研究指出，沟的断面尺寸对沟中水横向入渗和纵向推进的影响是相互关联的，沟底宽对垂向入渗的影响较小。朱霞等研究表明，水流推进速度随断面形状参数标准差的增大而降低。但这些研究均局限于常规垄作沟灌，垄宽较小，而对于宽垄沟灌方面的研究很少见报道。而在田间实际生产中沟垄田规格参数是一个基本条件，需对其进行系统研究，并确定合理的沟垄田规格参数。

（二）沟灌的水流运动研究

　　地面灌溉技术的关键在于控制和管理灌溉过程，提高灌水质量，世界各国也一直把研究重心放在这一方面。20世纪初以前对此方面的研究都是通过大量的灌水试验，工作量非常大，效率较低，研究工作进展缓慢。随着计算机技术的广泛普及，到20世纪中叶，利用数学模型对地面灌溉进行分析模拟已成为研究地表水流运动的重要手段。利用数学模型计算田面水流运动过程，减少了田间试验工作量，可以在少量试验的基础上进行多种灌水方法的比较，为选取合理的灌水技术要素提供有效的技术手段。

　　目前模拟地面灌溉水流运动的数学模型有水量平衡模型、完全水动力学模型、零惯量模型和运动波模型。

1. 水量平衡模型（the volume balance model）

　　水量平衡模型是最早的研究农田灌溉中地表水流运动的数学模型。该模型假定前提是灌溉过程中水深恒定和忽略蒸发损失，再以质量守恒原理为依据，认为渗入地下水量与地面存水量之和等于灌溉的总水量。1938年Lewis和Milne[48]在对畦灌水流推进过程的研究中首先应用到该模型：

$$qt = \int_0^l y\,\mathrm{d}x + \int_0^l Z\,\mathrm{d}x \tag{1-1}$$

式中，q为进入田块的单宽流量，$\mathrm{L/(s \cdot m)}$；t为灌水时间，s；x为任意时刻水流前锋距田首距离，m；y为田面水流推进长度内任意一点距离首端x处的田面水深，m；Z为t时段内x处的入渗水层深度，m；l为停止灌水时的水流推进长度，m。

　　Levien和Souza在1987年对沟灌水流运动情况研究时也用到水量平衡模型，并结合沟灌的特点对方程进行适当改变，最终得到

$$qt = \sigma_h yx + \sigma_z Z_0 x \tag{1-2}$$

式中，σ_h 为地表水形状系数；σ_z 为地下水储水形状系数；Z_0 为田块首部累积入渗量；其他符号意义同前。

　　水量平衡模型原理简单，基础是质量守恒原理：沟灌的任一时刻，入沟水量等于地表水量与入渗水量之和。此模型计算方便，若知道某一时刻的入渗速率和沟中水流断面，则此模型可以计算出精确的结果。但由于一般情况下入渗速率不易确定，常由某一固定值代替，所以计算结果精度较低，一般用该模型研究精度要求较低的地面灌溉问题。

　　2. 完全水动力学模型（the full hydrodynamic model）

　　完全水动力学模型是基于质量守恒原理及动量守恒原理提出的，体现了灌溉中水流速度、田面水深、单宽流量及过水断面面积等因素之间的关系，各元素之间关系可用圣维南方程，即明渠非恒定流的连续方程和运动方程表示：

$$\frac{\partial A}{\partial t} + \frac{\partial Q}{\partial x} + \frac{\partial Z}{\partial t} = 0$$

$$\frac{V}{g}\frac{\partial V}{\partial x} + \frac{V}{gA}\frac{\partial Q}{\partial x} + \frac{V}{g}\frac{\partial A}{\partial t} + \frac{1}{g}\frac{\partial V}{\partial t} + \frac{\partial V}{\partial x} = S_0 - S_f \tag{1-3}$$

式中，A 为过水断面面积，m^2；Q 为任意 t 时刻进入田块水流流量，m^3/s；V 为断面的平均流速，m/s；S_f 为水流阻力坡降；S_0 为田面纵坡；g 为重力加速度，m/s^2；其他符号意义同前。

　　Walker 将此模型应用于沟灌水流运动模拟上，但计算结果与实际有较大差距。国内的刘钰将该模型应用到畦田灌溉水流运动的研究上，并得到水流推进距离和水流消退距离与时间的关系曲线，与大田实测结果吻合较好，模拟精度较高。完全水动力学模型尽管较水量平衡模型而言理论基础比较成熟，适合高精度的数值计算，可用来模拟畦灌、沟灌的水流运动，但由于灌水过程中水流推进前锋不容易处理，不易保证其收敛性，导致该模型求解过于复杂而不便应用，目前对该模型的研究较少。但随着现代计算机技术的高速发展逐渐完善，该模型在二维沟灌水流运动的研究方面具有较好的发展空间。

　　3. 零惯量模型（the zero-inertia model）

　　由于完全水动力学模型求解过于复杂而不方便应用，Strelkoff 将其进行简化与改进，将大多数地面灌溉条件下可以忽略的圣维南方程组动量方程中的惯性项和加速项删除，得到零惯量模型。Souza 将简化后的模型运用到沟灌和畦灌水流运动模拟中，计算结果较精确，即

$$\frac{\partial A}{\partial t} + \frac{\partial Q}{\partial x} + \frac{\partial Z}{\partial t} = 0$$

$$\frac{\partial y}{\partial x} = S_0 - S_f \tag{1-4}$$

　　Schmitz 等用零惯量模型研究了入沟流量、土壤入渗参数、沟断面几何参数与糙率等多个技术参数对田面水流运动、垂直入渗距离和灌水质量等的影响，并对影响程度进行了评价。在目前所研究的各种灌溉条件下，零惯量模型是比较成熟的田面水流运动模型，计算量小且计算精度较高，模拟值与实测结果吻合较好，应用前景较广。

4. 运动波模型（kinematic wave model）

运动波模型是在均匀流假定和连续原理的基础上建立的，该模型首先用于模拟畦灌的水流运动，其表达式为

$$\frac{\partial A}{\partial t} + \frac{\partial Q}{\partial x} + \frac{\partial Z}{\partial t} = 0 \qquad (1\text{-}5)$$

$$Q = \alpha A^{m+1}$$

式中，$\alpha = (\rho_1 S_0 / n)^{0.5}$；$m + 1 = \rho_2 / 2$；$\rho_1$、$\rho_2$ 为经验参数；其余符号意义同前。

路京选采用拉格朗日积分法对沟灌运动波模型进行了数值计算；Reddy 等将式（1-5）改写成差分形式，并用差分法求解该模型，结果较为满意。运动波模型在水流推进前锋处不涉及水流剖面形状，并且操作简便快捷、计算精度高，故而该模型被广泛应用。运动波模型存在一定制约因素，只适用于自由出流的水平或近似水平的地面灌溉，否则会影响模拟的精度。

水量平衡模型、完全水动力学模型、零惯量模型和运动波模型都是基于水流运动原理和动量守恒原理，根据研究方向和边界条件变化形成。四种模型只要参数合理，都能比较精确地模拟出沟灌、畦灌水流运动。其中完全水动力学模型模拟效果最好，但由于其计算量大、计算难度大，应用受到很大限制；零惯量模型模拟效果较好，但适应条件苛刻使其较少被应用；水量平衡模型最大的优点就是容易计算，但模拟效果较差，适合应用于对精度要求较低的地面灌溉地表水流运动的研究。

（三）沟灌灌水技术参数优化研究

地面灌溉是世界上普遍采用的灌水方式，而沟灌又是地面灌溉中常用的灌水技术，但灌水效率低，其主要原因是灌水技术要素选择不当。例如，沟短而流量大，在黏性土壤上会产生沟尾跑水；相反，沟长而流量小，在沙质土壤上则会导致大量的深层渗漏损失。因此，为减少灌溉过程中的水量损失，提高灌溉水利用率和水分生产率，必须有合理的沟灌技术要素作为前提。

田间灌溉水的有效性作为评价灌水质量的重要因素，可为灌水技术、管理水平及农业水资源利用评价、合理灌溉技术要素提供客观、量化的参考依据。目前，国内外大量学者对裸土和种植作物两种情况的沟灌技术要素进行了优化研究。Pedram 修正了Richards 方程，建立了模拟地面灌溉土壤水分入渗的模型，该模型模拟结果较为精确但不易求解；Li 和 Mailapalli 采用完全水动力学模型研究沟灌水流运动，并研究了此方法的简化解析法及其无量纲查算表；Ji 研究得出了受地面水流流速和湿周影响的沟灌入渗模型；AMPAS 应用完全水动力学模型研究了畦灌；汪顺生等比较了不同沟灌方式条件下夏玉米的产量和水分利用效率，表明在水量不能满足充分灌溉的时候，交替隔沟灌溉能够获得更高的经济产量；高传昌等全面分析了覆盖保墒、耕作保墒、水肥耦合和增施有机肥与秸秆还田等农艺节水措施的研究进展和发展趋势；Liu 等建议采用"比例"的概念来代替田间灌溉效率指标，如消耗性使用比例指作物蒸发蒸腾量占田间灌溉水量的百分数；魏占民建立了基于 SPAC 模型模拟的田间灌溉水有效性的 SWAP 评价模型，模拟结果显示河套灌区沙壕渠灌域春小麦的田间灌水利用率达 90%；Zoebl 认为用水分生

产效率来描述灌溉水利用效率是不科学的，因为作物生长受控于很多因素，并且水的投入不一定全部被作物所利用；Bautista 等应用 SWAP 模型模拟了不同作物的生长过程以及田间水分的耗散，并分析了水分生产率的影响因素；谢先红等认为灌溉水分生产率受降雨、气候条件的时空分布特征影响较大，而且随尺度增大明显，其尺度关系可以近似应用幂函数描述，函数的形式和参数与分形思想接近。

（四）沟灌入渗特性研究

土壤水分入渗是水分由地表进入土壤的过程，是地下水、土壤水、地表水和降水相互转化的一个重要环节，对农田灌溉、水肥迁移影响显著，并且土壤水分入渗也与地表水流运动形态互相影响，多年来，国内外学者对此进行了大量的研究。沟灌灌水时，水分入渗属于二维入渗，但水分入渗过程中各点毛管吸力和重力作用不是简单的直线关系，入渗面与入渗水量比例不同；另外，由于沟中水深在不断地变化，水力湿周也在随时改变，导致不同时刻的土壤水势梯度呈现不规则变化，入渗情况较为复杂。

由于沟灌入渗符合质量守恒定律和达西定律，所以可以根据沟灌规律推出其基本方程，假定土壤为多孔介质且不受水分入渗影响而变形，则沟灌入渗的 Richards 模型为

$$\frac{\partial \theta}{\partial t} = \frac{\partial}{\partial x}\left(D(\theta)\frac{\partial \theta}{\partial x}\right) + \frac{\partial}{\partial z}\left(D(\theta)\frac{\partial \theta}{\partial z}\right) + \frac{\partial K(\theta)}{\partial z} \tag{1-6}$$

式中，θ 为土壤含水率；t 为入渗时间；z 为入渗深度；$D(\theta)$ 为扩散率；$K(\theta)$ 为饱和导水率。

1992 年，Vogel 在对土壤水分研究过程中对 Richards 方程进行修正，使得该模型在模拟沟灌二维水分入渗过程时更为精确，缺点是求解困难。张新燕等利用修正 Richards 方程对覆膜侧渗沟灌的水分入渗过程进行数值模拟研究，并采用 Galerkin 有限元法进行数值求解，所建模型具有很好的稳定性，与实际结果较接近。王利环对沟灌湿润体运移情况进行大量试验研究指出：在入渗初期，湿润体垂向运移过程与横向运移过程几乎相同。聂卫波等研究表明，湿润锋垂直和水平方向运移距离与时间的 1/2 次方呈线性函数关系，当入渗发生交汇后，零通量面处垂向湿润锋运移加快，进一步探明了沟灌二维土壤水分入渗规律。孙西欢通过灌溉试验，对沟灌入渗中的沟间距、断面湿周等因素的影响进行了研究，并用 Kostiakov 模型中入渗参数 k 和 α 的值表示出来。王成志等基于水量平衡法推求沟灌过程中的水分入渗量以及水分入渗函数 Kostiakov 的参数，并将其计算的入渗参数代入地表水流运动模型 SRFR 中进行验证，结果表明利用水量平衡法建立的土壤水分入渗参数可以准确地表达土壤水分入渗规律。

Tourt 于 1992 年通过大量试验推导出了以沟中水流推进速度和湿周为参数的沟灌入渗模型，即

$$\begin{cases} Z(p) = K_{p0} + K_{p}p \\ Z(v) = Z_0 \exp[k_v(v - v_c)] \end{cases} \tag{1-7}$$

式中，Z_0 为流速为零时的入渗量；K_p、K_{p0} 分别为比例系数、截距；p、v 分别为湿周和地表水流流速；k_v 为比例系数；v_c 为临界流速。

Rasoulzadeh 对 Kostiakov 公式进一步修正，得到方程为

$$Z^* = kT^{*\alpha} + f_0 T^*$$

$$Z^* = \left(\frac{1}{LW_p(\theta_s - \theta_i)} \right) Z \tag{1-8}$$

$$T^* = \left(\frac{\sigma\lambda}{\eta L^2(\theta_s - \theta_i)} \right) t$$

式中，Z^*、T^* 分别为累积入渗量和入渗时间；σ 为表面张力系数；L、λ 为特征长度；η 为水的黏滞系数；θ_s 为土壤饱和含水率；θ_i 为土壤初始含水率；W_p 为土壤含水量，mm。通过实际应用，模型模拟结果较精确。

目前，常规地面灌溉的水流推进、水流消退、灌水技术要素和土壤水分入渗方面国内外的研究较多，但从实际应用情况看，在技术上仍存在诸多问题，能否适用于宽垄沟灌仍然未知。本书针对宽垄沟灌模式进行灌水技术要素、土壤水分入渗和灌溉水流运动的试验研究非常必要，可以为后期田间实际灌水提供理论和技术的指导。

二、土壤水分动态研究

作物根层土壤水分的高低，是作物能否正常生长的主要影响因素。过高的水分会导致作物根系供氧不足，容易发生对作物生长不利的无氧呼吸；水分过低，又会导致作物供水不足，影响作物的正常发育，如果土壤含水率低于该作物的凋萎系数，又会造成该作物的永远枯竭。为此，关于土壤水分动态的研究，历来是国内外学者关注的焦点。

陈素英和金友前研究了覆盖小段玉米秸秆条件下冬小麦根层的土壤水分变化，发现采用秸秆覆盖，能够有效地减少土层蒸发，小麦生育期内储水量增加显著；汪明霞在交替隔沟灌夏玉米根层土壤水分实测值的数据支撑下，确定相应参数，对其水分变化进行了动态模拟，获得了较好的效果；张源沛通过测坑试验，分析了灌溉量对枸杞100cm层深内土壤水分动态的影响，探明根层土壤水分波动受灌水量影响较大，并通过土壤水分动态变化趋势确定了合理的灌溉水量；李新乐研究了大田条件下不同水文年的苜蓿土壤水分动态，发现无论丰水年还是枯水年，在雨季到来之前，土壤水分变化波动较小，而在雨季过后，枯水年时的土层水分变化不明显，但丰水年的时候，土层水分则显著增长；孙仕军通过多年的观测资料，分析了井灌区较大地下水埋深时的土壤水分变化，得出了干旱条件下，灌溉和降雨的水量主要储蓄在100cm土层内，而降水量较大时，入渗水分主要积蓄在100～250cm层深土壤中的结论；李军利用EPIC模型模拟了黄土高原中期和长期气象条件下的土壤水分动态变化，发现中期气象条件下土层有效水量变化较为剧烈，尽管冬小麦产量会受到降水量的影响，但是短暂的少雨情况并不会生成持久的旱源地；宋雪雷研究了河南省北部地区冬小麦、夏玉米平作灌溉条件下的土壤水分周年变化，不过未进行不同水分处理之间的相互比较；Bronsterth 和 Ridolfi 基于坡面水文模型的重要性，对山坡和卫星集水区的产流进行了模拟，并分析了其土壤水分动态，获得了较好的效果；Bruno 采用频域反射方法研究了亚马逊东部热带雨林的土壤水分动态变化，发现昼夜土层水分差值较大。

综上所述，尽管国内外学者在土壤水分动态方面的研究取得了丰硕的成果，但依然存在不足，尤其是冬小麦、夏玉米宽垄沟灌不同土层水分动态的研究很少见报道。本书开展冬小麦、夏玉米宽垄沟灌的根层不同深度土壤水分动态研究，对于制定合理灌溉制度，提高作物水分利用效率，具有重要技术参考价值。

三、作物生理生态特性研究

作物生产的本质是利用栽培植物的光合作用将无机物转化为有机物，为人类提供物质生活资料。自然环境中的光、温、水、气、热、肥等多种复杂因素影响着作物的生长发育和产量的形成，随着自然环境的不断变化，特别是全球气候的变迁，逆境条件的出现越来越频繁，且越来越严重，对作物的生产造成了十分不利的影响。因此，有必要掌握作物生理生态发育和产量的形成规律，并加以应用，以服务于节水型农业生产。

近年来，如何改进作物种植和灌溉技术，提高农业水资源利用效率，已成为国内外学者普遍关注的焦点。孙景生和寇明蕾重点论述了水分胁迫条件下对夏玉米生理生态性状的影响，发现在夏玉米生长关键期给予充足水分供应，可以在减少灌溉水量的情况下，保证作物的株高、叶面积等生长特性的稳定发育，进而达到节水稳产的效果；张吉祥主要研究了盆栽条件下，不同秸秆覆盖量对夏玉米耗水量和生理性状的影响，发现覆盖量越大，耗水量越小，生长特性和光合特性越强；强小嫚则研究了不同水分处理和液膜覆盖双重作用对夏玉米生长发育的影响；汪顺生探究了控制性交替隔沟灌溉不同水分处理条件下的夏玉米生理特性，发现交替隔沟灌溉只要水分控制下限适宜，交替隔沟灌溉对玉米叶片光合速率和籽粒形成影响较小，并在减产不大的情况下可以显著提高水分利用效率；Ramalan分析了灌溉、覆盖等因子对尼日利亚大草原番茄生长和产量的影响，得出了适合当地番茄生长的最佳灌溉方式；Li研究了种植方式对我国北方地区冬小麦产量和辐射利用效率的影响，提出不同水分分布区域冬小麦适宜种植方式的建议。同时，大量学者基于平作模式研究了不同地区小麦的生长特性、产量和水分利用效率，取得了一定成果。目前，一些学者开始探索冬小麦垄作种植的适用性。Li研究了不同种植模式和灌溉方法对冬小麦产量的影响，发现在灌溉水分不充分的情况下，小垄灌水沟中种植的小麦，分别比垄上种植、等行畦播和宽窄行畦播增产2.9%、5.1%、4.3%；Wang分析了垄作对冬小麦的水分利用效率的影响；柏立超对冬小麦垄作模式下的边际效应进行了初步研究，发现边行增长较多，垄作模式下冬小麦的群体产量较高。

四、作物需水特性研究

（一）农田耗水规律研究

农业是我国经济的命脉，其用水消耗占我国总用水消耗的70%左右，而我国同时是一个相对缺水的国家，因此我国学者对于农田耗水规律的研究给予高度重视。冬小麦、夏玉米耗水规律的研究已经较多，但研究结果不尽一致。孙爽等研究表明，在全国范围内，除返青——拔节生育阶段冬小麦需水量空间分布特征不明显外，其他各生育阶段空间分布特征均呈西北高东南低的分布趋势。陈博等研究指出拔节－乳熟期是冬小麦耗水强度和耗水量最大的时期，华北平原需要通过多次灌溉满足作物需水。

夏玉米耗水规律的研究与冬小麦相比相对较少，研究结果也比较相近。肖俊夫认为夏玉米需水高峰期为 7 月中旬到 8 月下旬，日耗水量达到 4.5～7.0mm。汪顺生研究认为，水分控制下限适合，交替隔沟灌夏玉米棵间蒸发与蒸腾耗水明显低于常规沟灌。王兴等认为，宽垄种植模式夏玉米全生育期耗水量低于相同水分处理的常规沟灌种植模式，宽垄种植模式的水分生产效率较常规沟灌种植模式提高 0.23～0.36kg/m³。大量学者研究表明，夏玉米各生育阶段的水分胁迫对其生育和产量均会造成不利影响，其中尤以抽雄－吐丝期前后缺水对产量影响最大，其次为拔节期缺水。

目前，对冬小麦和夏玉米单一作物单一生长季节的耗水规律研究较多，但对宽垄沟灌的作物需水和耗水规律研究较少。而冬小麦、夏玉米宽垄沟灌种植模式在干旱半干旱区占有很大比重，宽垄沟灌在河南省、山东省、河北省等粮食主产区应用面积越来越大，在黄淮海地区成为一种常用的种植和灌水模式。因此，研究小麦、玉米宽垄沟灌的耗水规律，为大面积推广应用奠定理论基础，具有重要的现实意义。

(二)作物需水量计算

农业耗水是指农作物在土壤水分适宜、生长正常、产量水平较高条件下的棵间土壤蒸发量和植株蒸腾量之和。计算作物蒸发蒸腾量的方法很多，常用的计算方法总结如下。

1. 水量平衡法

(1)水量平衡法：通过计算研究试区内各种水量的收入支出差额(降水量、地表径流量、灌水量、土壤含水率变化量、深层渗漏量等)来推求蒸发蒸腾量，即

$$ET = P + I + G - R - D_p - \Delta W \tag{1-9}$$

式中，ET 为蒸发蒸腾量，mm；P 为有效降水量，mm；I 为田间灌溉水量，mm；G 为地下水对计划湿润层的补给量，mm；R 为地表径流量，mm；D_p 为深层渗漏，mm；ΔW 为土壤含水蓄变量，mm。

该方法不受气象条件的限制，测定空间灵活，但时间相对较长，难以反映作物蒸发蒸腾的日动态或小时动态变化规律。此外，由于水量平衡各分量存在测定误差，测定结果的误差可能是各分量测量误差的累积，所以不易得到精确结果。很多学者利用该方法测定了农田作物蒸发蒸腾量，刘炳军等研究发现该方法虽然简单，但受到测定精度的影响，且土壤水量平衡的最短时间间隔过长，计算结果和实际情况相距甚远。

(2)蒸渗仪法：目前应用的蒸渗仪主要有渗漏型和称重型两种，该方法是农田蒸发蒸腾研究中有效的实测方法，其实测结果往往用于其他方法的验证。国内外很多学者利用蒸渗仪进行农田蒸散研究，Klocke 用蒸渗仪测定了玉米生育期的土壤蒸发量及植株蒸发蒸腾量，并进行了验证，取得了良好的结果。马令法等在河北省坝上地区采用大型非称重式蒸渗仪法对苜蓿的需水量、需水强度和作物系数进行了研究。Abbasi 等利用蒸渗仪对水稻和向日葵的蒸发蒸腾量进行了研究。强小嫚等将波文比－能量平衡法估算的冬小麦蒸发蒸腾量值与大型称重式蒸渗仪实测的蒸发蒸腾量进行了对比分析。Subramani 用蒸渗仪测定了温带湿润气候裸露土壤的蒸发量。随着对蒸渗仪不断的改进和提高，目前

蒸渗仪的测定时间尺度可到小时，精度可达到 0.02mm。

（3）水分运动通量法：根据土壤剖面上土壤水势的变化确定土壤水势为零的剖面，通过测定零通面以上各层土壤水的蓄变量来计算蒸散量，结果准确性可通过合理确定零通量面和精确测定零通量面以上各层土壤水蓄变量来控制。该方法的使用需要具备一定的理论和实践基础，同时存在给定通量面吸收土壤水及测算误差等问题，需要今后深入研究。

2. 能量平衡法

（1）波文比法：根据能量平衡原理提出的算法，以下垫面的水热交换为基础，用某一界面上感热通量与潜热通量的比值表示，公式为

$$\beta = \frac{H}{\mathrm{LE}} = \frac{\rho_a C_p K_h \dfrac{\Delta \theta}{\Delta Z}}{\rho_a L K_w \dfrac{\Delta q}{\Delta Z}} \tag{1-10}$$

式中，H 为农田与大气之间的显热通量；K_h 和 K_w 分别为热量和水汽的湍流交换系数；ΔZ 为观测高度差；LE 为农田与大气之间的潜热通量；ρ_a 为空气密度；C_p 为空气定压比热；L 为汽化潜热；$\Delta \theta$ 和 Δq 分别为两个观测高度上的位温与湿度差。

由于热量和水汽的湍流交换系数相等，即 $K_h = K_w$，则可得

$$\beta = \frac{C_p}{L} \frac{\Delta \theta}{\Delta Z} = \gamma \frac{\Delta T}{\Delta e} \tag{1-11}$$

式中，γ 为干湿表常数；Δe 为两个不同观测层的水汽压差；ΔT 为实测温差。

根据式（1-9）和式（1-10），可推算出作物的蒸发蒸腾量。该方法物理概念明确、模型简单、计算简便，因此被广泛应用。戚培同等用波文比法对海北高寒草甸生态系统的昼夜蒸散变化进行了研究，并和蒸渗仪实测的计算结果进行比较及分析，表明波文比法所测蒸发蒸腾量最大。张宝忠等利用该法对西北干旱荒漠绿洲区葡萄园水热通量变化规律进行了研究，并发现此法很适用于干旱荒漠绿洲区葡萄园水热通量的估算。该方法只有在开阔、均一的下垫面情况下，才能保证较高的精度，在平流逆温和非均匀的平流条件下，该方法测量结果会产生极大的误差。

（2）空气动力学综合法：英国 Penman 将能量平衡原理和空气动力学原理相结合，提出了著名的 Penman 公式，以下垫面能量平衡和湍流运动规律为依据，结合遥感表面温度技术来测量和计算水面蒸发、裸地和牧草蒸发的公式；后来 Penman 又提出植物单叶气孔的蒸腾计算模式。Monteith 在此基础上提出了冠层蒸散计算模式，即著名的 Penman-Monteith 公式。

1985 年，Shuttleworth 和 Wallace 等引入冠层阻力和土壤阻力两个参数，改进该公式后建立稀疏植被的蒸发蒸腾模型，简称双源模型或 S-W 模型。很多学者对双源模型进行了验证，如 Reddy 等利用双源模型计算了草地野生灌木蒸发蒸腾量，计算结果比"大叶"模型更接近实际。Zhang 等用双源模型计算了大麦的蒸发蒸腾量，模拟结果与实测结果几乎一致。Moravejalahkami 提出土壤波文比的概念，建立了能独立计算的土壤蒸发模型和冠层蒸腾模型，但由于土壤波文比难以确定，该模型不能被大量使用。

1998 年联合国粮食及农业组织（Food and Agriculture Organization of the United

Nations，FAO)将 Penman-Monteith 公式进一步改进成参考作物蒸发蒸腾量的计算公式，FAO 定义的参考作物为一种假想的作物，其高度为 0.12m，固定的叶面阻力为 70s/m，反射率为 0.23，非常类似于表面开阔、高度一致、生长旺盛、完全遮盖地面而不缺水的绿色草地的蒸腾和蒸发量。其计算公式为

$$\text{ET}_0 = \frac{0.408\Delta(R_n - G) + \gamma\frac{900}{T+273}u_2(e_s - e_a)}{\Delta + \gamma(1 + 0.34u_2)} \tag{1-12}$$

式中，ET_0 为参考作物蒸发蒸腾量，mm/d；Δ 为温度与饱和水汽压关系曲线上的斜率，kPa/℃；R_n 为太阳净辐射量，MJ/(m²·d)；G 为土壤热通量，MJ/(m²·d)；γ 为湿度计常数，kPa/℃；T 为计算时段内平均气温，℃；u_2 为距地面 2m 高处的平均风速，m/s；e_s 为饱和水汽压，kPa；e_a 为实际水汽压，kPa。

其他作物根据作物系数、土壤水分修正系数与参考作物蒸发蒸腾量乘积来推算出该作物的实际蒸发蒸腾量，目前已被国内外学者普遍采用。陈华等利用 Penman-Monteith 公式和 Mann-Kendall 检验方法分析了 1961~2000 年汉江流域四季参考作物蒸发蒸腾量的变化趋势。葛建坤等探讨了修正 Penman 公式在大棚内的失效性，指出大棚内修正 Penman 公式的实用性较好。张可慧分别用积温法、蒸发皿蒸发量估算法及 Penman-Monteith 公式法对河北省潜在蒸发量进行估算，通过与大型蒸发池实测蒸发量比较分析，证明 Penman-Monteith 公式法能较准确地估算河北省潜在蒸发量。

3. 经验公式法

(1)用产量推算的经验公式法：关于作物产量与蒸发蒸腾量的关系，国内外进行了较多研究，提出了 K 值计算法：

$$\text{ET} = kY \tag{1-13}$$

式中，Y 为作物产量；k 为以产量为指标的系数。

(2)用气温和水面蒸发量推算的经验公式：是国内计算作物阶段蒸发蒸腾量较早的算法，由竺士林提出，该算法精度波动性大，但由于计算简便，不需烦琐统计计算，在国内曾经被大量采用，计算公式为

$$\text{ET}_i = \beta_i(T_i + 50)\sqrt{E_{0i}} \tag{1-14}$$

式中，T_i 为第 i 阶段的日平均温度；β_i 为第 i 阶段需水系数，其他符号意义同前。

(3)用水面蒸发量推算的经验公式：棵间蒸发和植株蒸腾都是水分子的形态转化过程，受气象因素支配。国内水面蒸发资料很多，可根据各年实测作物蒸发蒸腾量及同期水面蒸发量，用相关分析方法得出计算公式：

$$\text{ET} = \alpha E_0 + C \tag{1-15a}$$

或

$$\text{ET}_i = \alpha_i E_{0i} + C_i \tag{1-15b}$$

式中，ET 和 ET_i 分别为全生育期作物蒸发蒸腾量和第 i 生育阶段作物蒸发蒸腾量；E_0 和 E_{0i} 分别为作物全生育期内水面蒸发量和作物第 i 阶段水面蒸发量；C 和 C_i 为常数。

4. SPAC 综合法

作物的蒸散过程与土壤水分状况、作物生长状况以及大气环境因子有着密切的联系。

基于 SPAC 水分传输理论模拟计算作物蒸发蒸腾量已成为作物蒸散量研究的常用方法。SPAC 是土壤－植物－大气连续体(soil-plant-atmosphere-continuum)的简称，结合土壤水动力学、微气象学和植物生理学原理描述与模拟水分从土壤经植物体到大气的传输过程，形成一个统一的、动态的、连续的、相互反馈的系统，是一个能精准计算作物蒸发蒸腾量的方法。国内外许多学者对 SPAC 系统的模拟进行了深入研究，刘利民、脱云飞等先后对 SPAC 系统中的水分传输和作物蒸散过程进行了模拟研究，并应用实测资料进行了验证，得到了很好的结果。佘冬立应用土壤－水－大气－植物整合模型(SWAP)对苜蓿草地和长芒草地土壤－植被－大气系统中的水循环进行了模拟，并取得了较好效果。

由于 SPAC 系统对能量关系进行了统一，更加容易研究作物蒸发蒸腾量、水分的运移和能量的转化，所以被大量使用。但由于作物在 SPAC 系统中易受大气温度、太阳辐射、土壤水分、CO_2 浓度及养分等自然环境因素影响，要准确地表达 SPAC 系统水分传输很难。所以，在实际生产应用中，特别是不同尺度上的水分传输需要进一步深入研究。

五、灌溉制度研究

为改进农业用水管理水平，当前急需解决的问题是提高灌溉水利用效率和作物生产效率，而农业用水管理核心内容就是确定合理的灌溉制度。灌溉制度是指作物从播种到收获全生育期内的灌水次数、每次的灌水时间和灌水定额以及灌溉定额。优化灌溉规模、确定合理的水资源调度方案、制定最佳调水、配水计划，都要建立在作物合理灌溉制度上。目前，旱区作物灌溉制度主要依据水量平衡方程来确定，也有部分学者根据实际丰产灌水经验确定灌溉制度，取得了一些成果。作物灌溉制度的优化分为单目标模型、多目标模型以及多维动态规划模型。

胡志桥利用水量平衡方法研究了武威地区小麦、玉米等作物的需水规律及需水量，并制定了相应的适宜灌溉制度；黄玲等综合分析了冬小麦的耗水特性及水分利用效率的变化规律，发现在拔节期和灌浆期灌水可明显提高籽粒产量，并在一定程度上提高水分利用效率；房全孝等在根系水质模型的基础上分析指出冬小麦的水分敏感期为孕穗期，播前灌溉的产量差异显著；张岁岐通过防雨棚和无遮挡两种田间试验，发现通过灌溉制度的优化，能够显著提高玉米根系吸水能力，从而提高水分利用效率；何雨江从棉花生长特性和生产能力两个因素入手，分析多种灌溉处理条件下各生育期棉花生长的情况，发现棉花营养生长随着灌溉水量增多而加快生长，随着灌水盐分的增高而加快衰老；王声锋通过广利灌区 30 年的降水实测资料，并结合试验求得的小麦耗水参数，制定了不同年份的冬小麦最佳灌溉制度，即灌溉定额为 240mm 时，拔节期和抽穗期灌 60mm，其他生育期灌 30mm，高产概率可达 98.8%。

Shahrabian 研究了不同灌溉制度对覆膜玉米产量和耗水规律的影响，发现灌溉定额相同的情况下，不同灌水次数对产量有较大影响，相同灌水次数情况下，适当增加灌溉定额可以促进产量提高；王斌突破传统的灌溉制度优化模型，针对灌溉制度优化模型实例，采用改进后的自由搜索方法进行求解，提高了优化精度，方法简单可行；Ali 和 Bijanzadeh 研究了干旱地区不同灌溉制度对冬小麦生长特性和产量的影响，认为小麦关键期的适宜水分控制下限应为 65％；Kuscu 则研究了半湿润气候条件下水分亏缺灌溉时玉米的水分生产效率和产量，发现在有限水或缺水条件下，灌溉水安排在灌浆期较为适宜；Eskandari 研究了滴灌条件下马铃薯的产量和品质，发现结合覆膜并在开花期给予充足水分会收到较好的效果。

目前，国内外学者对常规地面灌、喷灌和微灌条件下的作物灌溉制度都进行了大量的研究，取得了很多有价值的成果，有些在生产实践上得到了应用，但对有些指标的影响，研究结果并不一致，而对宽垄沟灌的作物灌溉制度研究很少见报道。本书开展宽垄沟灌作物需水规律及需水量研究，为农田水分调控，制定合理的灌溉制度，提高作物水分利用效率，指导大田灌溉奠定理论基础。

第三节　河南省粮食主产区研究概况

一、基本情况

河南省粮食主产区地形多以丘陵、浅山为主，土壤类型主要为褐土、黄土，土壤肥力较低(有机质含量在 1％左右)。年降水量在 600mm 左右，降水分布不均，季节性干旱明显。自然降水与作物需水严重错位与缺位，且干旱程度正在加剧，1992～2002 年降水量为 534.4mm，较前 30 年平均降水量减少了 16.5％。≥80％保证年降水 450～520mm，表现为一季有余、两季不足，加之降水季节分配不均，干旱发生频率较高，平均在 40％以上。无霜期 190d，≥10℃的活动积温 4400～4600℃。

河南省粮食主产区地表水和地下水资源缺乏，大部分地区的农业生产用水必须依赖有限的自然降水，属典型的雨养农业地区。年降水量与作物生长之间的关系是一季有余、两季不足，实际生产中，存在一年一熟、一年两熟和两年三熟三种种植制度。其中，一年一熟种植作物主要是冬小麦、春甘薯；一年两熟种植模式主要为小麦－玉米及小麦－秋杂粮种植；两年三熟种植模式主要有小麦＋玉米＋小麦、小麦＋玉米＋春甘薯(春花生)、小麦＋大豆等杂粮＋小麦。

近年来，随着生产条件的不断改善、生产力水平的日益提高及种植效益的稳步增加，一年两熟种植面积逐年扩大，成为该地区的主要种植模式。然而，有三个根本的原因在限制着该区域农业的持续发展：第一，季节干旱明显，降水时空分布严重不均，干旱缺水成为限制农田生产力的最大瓶颈，自然降水的大量流失和无效蒸散造成作物产量低而不稳；第二，土壤瘠薄，保水保肥能力差，养分要素按分级标准多为缺或极缺；第三，耕作粗放，集约化程度低，土地生产力中技术贡献率不高。

二、研究任务与技术路线

(一)研究任务

本书结合我国粮食主产区农业灌溉特点，采用室内、大田试验与理论研究相结合，以试验为主的技术路线，开展了宽垄沟灌沟垄田规格参数与需水特性研究，主要研究内容如下。

(1)宽垄沟灌沟垄田规格参数对田面水流运动特性影响研究。

在宽垄沟灌条件下，通过田间试验，对水流推进和消退过程进行观测，分析垄宽、沟宽、沟深、沟底纵坡等沟垄田规格参数对水流推进和消退特性的影响；建立宽垄沟灌不同沟垄田规格参数下灌溉田面水流运动与时间的关系。

(2)宽垄沟灌沟垄田规格参数与沟灌技术要素优化研究。

用灌水效率、灌水均匀度和储水效率三个指标作为灌水质量评价指标，对70cm和110cm两种垄宽的各沟垄田规格参数组合进行评价，并用origin统计软件进行极差分析，然后用MATLAB软件进行编程，得出沟宽和沟深在不同沟底纵坡下的合理组合。优化确定最优沟垄田规格参数条件下的适宜入沟流量。

(3)宽垄沟灌入渗特性研究与数值模拟。

对宽垄沟灌条件下累积入渗量、土壤湿润体水分分布进行观测，分析垄宽、沟宽、沟深、沟底纵坡等沟垄田规格参数对宽垄沟灌条件下入渗特性的影响，研究土壤入渗水流的垂直和水平方向分布规律，并利用Hydrus二维非饱和土壤水分运动模型对垄作沟灌土壤水分运移规律进行数值模拟。

(4)宽垄沟灌小麦、玉米根层土壤水分动态研究。

结合冬小麦、夏玉米常规灌溉种植方式的根层土壤水分动态变化，并考虑灌溉水量、降水量对土壤水层变化的影响，研究小麦、玉米宽垄沟灌条件下不同土层土壤水分动态变化。

(5)宽垄沟灌对作物生理生态特性的影响。

通过大田试验，研究宽垄沟灌对冬小麦、夏玉米叶面积、株高、地上干物质积累、籽粒灌浆进程等生理生长指标及产量的影响，探索小麦、玉米宽垄沟灌的灌溉效应与节水特征。

(6)宽垄沟灌作物需水特性与灌溉制度研究。

利用水量平衡方程，研究宽垄沟灌条件下冬小麦、夏玉米生育期年内作物的实际耗水量，并求得该种植模式下的作物系数；计算宽垄沟灌作物水分生产效率和水分敏感指数，建立作物水分生产函数模型。在此基础上，利用动态规划法，合理分配冬小麦、夏玉米生育期内的有限水量，制定宽垄沟灌条件下冬小麦、夏玉米的高效灌溉制度。

(二)技术路线

本书以优质小麦、玉米等主要粮食作物为研究对象，以降低粮食生产用水综合成本、提高综合用水效益为目标，以提高灌溉技术和水分利用效率为中心，根据水、土、光、热等资源条件，合理配置水资源，调整种植结构，最终达到提高节水农业的水平的目的。本书在查阅国内外宽垄沟灌理论与技术相关文献资料的基础上，结合国家自然科学基金项目和科技支撑计划课题，根据我国北方粮食主产区农业灌溉特点，采用大田试验、理论分析及数值模拟相结合，以试验为主的技术路线，其技术路线框图见图1-4。

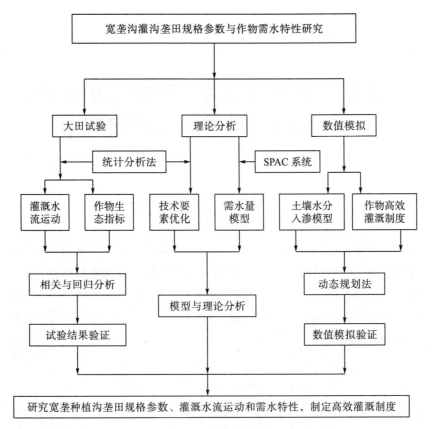

图 1-4　技术路线图

第二章 宽垄沟灌种植沟垄田规格参数对水流运动特性影响研究

第一节 试验与方法

本章通过田间试验，分析垄宽、沟宽、沟深、沟底纵坡等沟垄田规格参数对宽垄沟灌沟垄田水流推进与消退的影响，探寻不同沟垄田规格参数的水流推进与消退规律。宽垄沟灌沟垄田示意图见图 2-1，考虑到大田实际生产起垄要求及土壤本身的特性和边坡比适用范围，粮食主产区沟灌沟底宽至少为 20cm，本章选取 20cm 为固定沟底宽，其中 W 代表沟宽、H 代表沟深、L 代表垄宽。

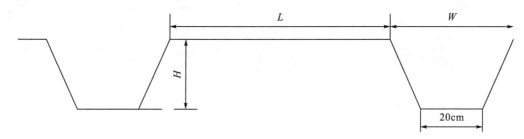

图 2-1 沟垄田规格示意图

试验于 2012 年 3 月～2012 年 6 月，在华北水利水电大学河南省节水农业重点实验室农水试验场进行，试验区位于郑州市东部偏北，地理位置为北纬 33°35′，东经 111°25′，海拔 110.4m，属北温带大陆性季风气候，四季分明，春季干旱少雨，夏季炎热多雨，秋季晴朗日照长，冬季寒冷少雨。年平均气温 14.5℃，多年平均降水量 637.1mm，平均日照时数 5.6h，无霜期 220d。

采用沉降法分析试验区土壤颗粒，级配组成见表 2-1。按照国际制分类标准，供试土壤质地为粉砂壤土。同时通过室内理化分析，测定土壤平均干容重为 1.35g/cm³，田间持水量为 24%，土壤有机质平均含量 0.87%，全氮平均含量 0.0539%，碱解氮平均含量 45～60ppm[①]，速效磷平均含量 11.8ppm，速效钾 104.4ppm。试验地块长度为 90m，面积大约为 3600m²，田块地势平坦，灌排方便。试验场内设有自动气象站，自动检测太阳辐射强度、空气温度与湿度、风速等相关气象资料。

---

① 1ppm=10^{-6}。

表 2-1　供试土壤颗粒级配组成

粒径	不同粒径的颗粒组成						
	<2mm	<1mm	<0.25mm	<0.05mm	<0.01mm	<0.005mm	<0.001mm
粉砂壤土/%	100	99.54	94.21	78.42	65.28	29.37	14.81

一、试验设计

具体试验设计方案见表 2-2，试验为不种植作物的裸土试验，主要观测地表水流运动和土壤水分入渗过程，探寻不同沟垄田规格参数对小麦、玉米宽垄沟灌水流运动特性的影响。试验田块经过人工整理后起垄做沟，沟横断面为梯形。其中沟宽、垄宽、沟底宽均按试验方案长度开挖并修整，沟底纵坡用水准仪进行精密控制。每个试验处理都在相同的灌水定额下进行。

试验前对垄宽、沟宽、沟深、纵坡等常规参数进行修整，并于灌水前一天内测量土壤含水率，灌水时进行水流推进与消退的观测。因田块面积限制，本试验采用"轮作"方式进行，即将试验田块分为九个试验小区，每次做完一组试验，按试验设计修改沟垄规格再进行下一组。每个试验小区之间设置保护区，保护区内埋入隔水板，防止灌水后相邻小区土壤水分侧渗影响试验结果。每组试验设置三个重复，数据同时采集，最终取试验数据平均值。本试验方案首先考虑小麦和玉米的种植规律，因为小麦、玉米宽垄种植是在不重新整地的基础上进行轮作的，所以垄宽要兼顾二者行距的需要，既不影响生长，又不浪费土地。因此方案设定了两个规格的垄宽：70cm（五行小麦或两行玉米，且为提高种植面积，沟宽只选用 40cm 和 50cm）和 110cm（七行小麦或三行玉米）。在这两个垄宽规格的基础上，考虑到土壤本身的特性和边坡比适用范围，选择沟底宽为 20cm、沟深（15cm、20cm、25cm）和沟底纵坡（1‰、2‰、3‰），对 70cm 垄宽进行沟宽（40cm、50cm）、对 110cm 垄宽进行沟宽（40cm、50cm、60cm）等技术参数的三因素三水平试验方案。

二、观测项目与方法

（1）入沟流量控制：试验采用水表、秒表和数显流量控制阀三者结合的方法进行控制。在入田管道出口处接水表，后接数显流量控制阀，根据显示屏显示的流量数据调节数显流量控制阀，然后用秒表记录每分钟水表水量，从而求出平均流量，并用此流量校核数显流量控制阀进行微调，直至流量符合试验设计要求。

（2）水流推进和消退过程观测：灌溉试验开始之前，从沟首开始，沿灌水沟长度方向，每 10m 设一个具有刻度的直尺作为测点，用来观测水流运动，在水流进入灌水沟后，以观测点处横断面的 2/3 有水层为水流推进到此处的标准，利用秒表开始记录水流推进前锋到达各测点的时间并读取对应的水面高度。对于水流消退测量，从沟首停水时间开始，每隔 15min 在各观测点读取一遍水深，直至观测点处没有水层或连成片的水洼。

具体观测过程见图 2-2 和图 2-3。

表 2-2　沟灌设计方案

处理编号	沟顶宽/cm	沟深/cm	垄宽/cm	沟底纵坡/‰	灌水量/mm	入沟流量/(L/s)
1	40	15	70、110	1	45	1.65、2.25
2	40	15	70、110	2	45	1.65、2.25
3	40	15	70、110	3	45	1.65、2.25
4	40	20	70、110	1	45	1.65、2.25
5	40	20	70、110	2	45	1.65、2.25
6	40	20	70、110	3	45	1.65、2.25
7	40	25	70、110	1	45	1.65、2.25
8	40	25	70、110	2	45	1.65、2.25
9	40	25	70、110	3	45	1.65、2.25
10	50	15	70、110	1	45	1.65、1.8、2.4
11	50	15	70、110	2	45	1.8、2.4
12	50	15	70、110	3	45	1.8、2.4
13	50	20	70、110	1	45	1.8、2.4
14	50	20	70、110	2	45	1.8、2.4
15	50	20	70、110	3	45	1.8、2.4
16	50	25	70、110	1	45	1.8、2.4
17	50	25	70、110	2	45	1.8、2.4
18	50	25	70、110	3	45	1.8、2.4
19	60	15	110	1	45	1.65、2.55
20	60	15	110	2	45	2.55
21	60	15	110	3	45	2.55
22	60	20	110	1	45	2.55
23	60	20	110	2	45	2.55
24	60	20	110	3	45	2.55
25	60	25	110	1	45	2.55
26	60	25	110	2	45	2.55
27	60	25	110	3	45	2.55

图 2-2　宽垄沟灌水流推进过程观测

图 2-3　宽垄沟灌水流消退过程观测

第二节　宽垄沟灌水流特性研究

灌溉水流运动过程中，从灌水沟沟首开始，水流前锋运动到某一位置时的地表水深与湿润范围如图 2-4 所示。

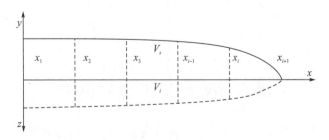

图 2-4　不同时段水流推进前锋示意图

图 2-4 中 x 为水流前锋到灌水沟首的距离，m；x_i 为水流前锋推进到第 i 个观测点时距灌水沟首的距离，m；y 为存储于沟面的水深，m；z 为累积入渗水深，m；V_i 为累积入渗水量，m³；V_s 为瞬时地表储水量，m³。灌水过程中，Elliott 和 Walker 于 1982 年根据两点法推导得出水量平衡公式，由于本试验设定为灌水沟末端不排水，则水量平衡模型可简化为

$$Q_0 t = V_i + V_s \qquad (2\text{-}1)$$

式中，Q_0 为入沟流量，m³/min；t 为灌水时间，min。

小麦、玉米宽垄沟灌土壤入渗过程符合 Kostiakov-Lewis 模型，即

$$I = K\tau^\alpha + f_0\tau \qquad (2\text{-}2)$$

式中，I 为单位面积累积入渗量，m；K、α 为土壤入渗参数；τ 为土壤入渗历时，min，可由试验测得的积水消退时间与水流推进时间之差计算得出；f_0 为单位长度土壤稳定入渗速率，m/min。

假定 $\tau = t - t_x$，代入式(2-2)得

$$I_x = K(t - t_x)^\alpha + f_0(t - t_x) \qquad (2\text{-}3)$$

式中，I_x 为距沟首 x 处的入渗量，m；t_x 为水流推进到距沟首 x 处所用时间，min。

水流推进过程中，推进时间 t_x 与推进距离 x 之间符合幂函数规律，即

$$x = p t_x^r \qquad (2\text{-}4)$$

式中，x 为 t_x 时刻的水流前锋推进距离；p、r 为拟合参数。

Walker 在研究水量平衡方程时，认为水流推进过程符合幂函数规律和土壤入渗符合 Kostiakov-Lewis 模型。在此基础上，人们引入地下储水形状系数 σ_z，Fok 和 Bishop 经过推导得出了计算 σ_z 和 V_i 的公式，即

$$\sigma_z = \frac{\alpha + r(1-\alpha) + 1}{(1+\alpha)(1+r)} \qquad (2\text{-}5)$$

$$V_i = \sigma_z K t^\alpha x + \frac{f_0 t x}{1+r} \qquad (2\text{-}6)$$

通过引入地表储水形状系数 σ_y，瞬时地表储水量 V_s 可由下列公式计算：

$$V_s = \sigma_y A_0 x \qquad (2\text{-}7)$$

式中，A_0 为沟首平均过水断面面积，m²；σ_y 为地表储水形状系数，前人经过试验证明其取值在 $0.7 \sim 0.8$，本章取 0.77 作为地表储水形状系数的标准值。

把式(2-6)、式(2-7)代入式(2-1)，得到水流推进距离一般公式，即

$$x = \frac{Q_0 t}{\sigma_y A_0 + \sigma_z K t^\alpha + \dfrac{f_0 t}{1+r}} \qquad (2\text{-}8)$$

第三节　宽垄沟灌垄田规格参数对灌溉水流推进特性的影响

本章分别做了不同垄宽、沟宽、沟深及沟底纵坡情况下的沟灌灌水试验，研究四种沟垄田规格参数对水流推进的影响。采用正交试验方法设计，依据 70cm 垄宽灌水效果的

计算，在三因素三水平正交试验基础上，为防止出现正交试验结果的不完整性，对110cm 垄宽增设了五组试验处理。

前人研究表明，水流推进距离与推进时间呈幂函数关系，设：

$$t = ax^b \qquad\qquad (2\text{-}9)$$

式中，t 为水流推进时间，min；x 为水流前锋到灌水沟首的距离，m；a、b 为拟合参数，通过实测资料确定。其中，a 为推进参数，其物理意义为第一单位时间末的水流推进距离，m/min；b 为推进指数，无量纲，其值反映了水流推进的时间效应。

对灌水沟水流推进实测数据的拟合，结果见表 2-3。可以看出，灌溉水流推进时间与推进距离均存在较好的幂函数规律，相关系数 R^2 在 $0.9829 \sim 0.9992$，拟合效果较好。结果表明，纵坡、垄宽、沟宽和沟深对水流推进拟合结果均有不同程度的影响。

一、沟宽对水流推进特性的影响

为研究水流推进与沟宽的关系，进行了相同垄宽、沟底纵坡、沟深条件下的不同沟宽的试验，以 110cm 垄面宽度为例，其水流推进过程见表 2-4 和图 2-5。

表 2-4 为沟底纵坡 1‰、沟深 15cm、不同沟宽条件下的水流推进时间，结合图 2-5 可以看出，入沟流量相同时，沟宽越大，水流推进速度越慢。在水流推进前锋运动到距沟首 40m 处时，随着沟宽的增大，水流推进的耗时在不断增加，沟宽 60cm 和沟宽 40cm 的水流前锋运动到 40m 时，灌水时长相差 0.43min。沟宽 60cm 情况下，最终完成推进过程的耗时较沟宽 40cm 少 0.88min。

分析沟宽对水流推进速度的影响可知，入沟流量相同时，主要是由于随着沟宽的增大，水流与土壤的接触面变大，在基质势与重力势的作用下，加大了水平吸渗与垂直入渗，导致在相同时间内，入渗到宽沟土壤的水量大于窄沟土壤的水量，削弱了沿灌水沟方向的水流推进速度。最终表现为垄面宽度、沟深、沟底纵坡相同时，水流推进耗时随着沟宽的增大而减少。

对图 2-5 中数据分析发现，宽垄沟灌不同沟宽的水流推进时间与推进距离呈幂函数关系，即

$$t = ax^b \qquad\qquad (2\text{-}10)$$

式中，t 为水流推进时间，min；x 为水流前锋到灌水沟首的距离，m；a、b 为拟合参数，通过实测资料确定。

对表 2-4 和图 2-5 中试验数据进行拟合回归分析，不同沟宽的水流推进时间与推进距离关系式相关系数如表 2-5 所示。

表 2-3　水流推进距离与时间的函数关系

垄宽/cm	沟宽/cm	沟深/cm	纵坡/‰	a	b	R^2
	40	15	1	1.2586	1.2558	0.9963
	40	20	1	1.0511	1.3155	0.9954
	40	25	1	0.9750	1.3292	0.9965
	40	15	2	1.2978	1.2164	0.9962
	40	20	2	1.1609	1.2067	0.9943
	40	25	2	1.0955	1.1975	0.9958
	40	15	3	1.2471	1.1715	0.9982
	40	20	3	1.0976	1.1988	0.9958
70	40	25	3	0.9734	1.214	0.9926
	50	15	1	1.2462	1.2553	0.9966
	50	20	1	1.0362	1.3187	0.9955
	50	25	1	0.9575	1.3361	0.9965
	50	15	2	1.2733	1.2201	0.9975
	50	20	2	1.1252	1.2232	0.9946
	50	25	2	1.0635	1.2084	0.9963
	50	15	3	1.1307	1.2001	0.9969
	50	20	3	1.0881	1.1899	0.9954
	50	25	3	0.6663	1.4227	0.9959
	40	15	1	1.1131	1.2742	0.9978
	40	20	2	1.0782	1.2052	0.9936
	40	25	3	1.1045	1.1535	0.9947
	50	15	2	0.7097	1.4476	0.9908
	50	20	3	0.9920	1.2021	0.9829
	50	25	1	0.9800	1.2908	0.9992
110	60	15	3	0.7270	1.4092	0.9882
	60	20	1	1.1028	1.2403	0.9970
	60	25	2	1.0925	1.1829	0.9951
	50	15	1	1.1148	1.2627	0.9978
	50	20	1	1.1031	1.2462	0.9968
	50	20	2	0.6785	1.4611	0.9956
	60	15	1	1.0924	1.2626	0.9965
	60	20	2	1.0793	1.1993	0.9936

推进距离/m 沟宽/cm	10	20	30	40	50	60	70	80	90
40	1.20	2.48	4.35	6.47	8.59	11.09	13.27	15.98	18.81
50	1.21	2.47	4.32	6.38	8.41	10.78	12.89	15.45	18.34
60	1.17	2.43	4.21	6.04	8.03	10.44	12.45	15.11	17.93

表 2-4　不同沟宽下水流推进时间　　　　单位：min

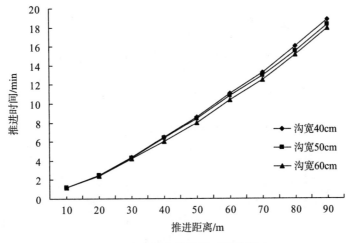

图 2-5　沟宽对水流推进时间的影响

表 2-5　不同沟宽水流推进时间与推进距离关系式相关系数

相关系数 沟宽/cm	a	b	R^2
40	1.0974	1.2626	0.9965
50	1.1148	1.2627	0.9978
60	1.1151	1.2742	0.9978

二、沟深对水流推进特性的影响

选取相同的沟宽 50cm、沟底纵坡 1‰，在两种垄宽（分别为 70cm 和 110cm）情况下，研究不同沟深对水流推进的影响，水流推进过程和推进速度见图 2-6 和表 2-6。

从图 2-6 和表 2-6 可以看出，对于 70cm 和 110cm 垄宽，在相同沟宽、沟底纵坡条件下，沟深越大，水流推进速度越快，所用时长越短，并且水流推进速度与沟深呈正相关关系。以 70cm 垄宽为例，25cm 沟深的水流推进平均速度分别较 15cm、20cm 沟深时提高 0.32m/min 和 0.61m/min。主要是由于沟宽和沟底宽一定时，沟深增大，边坡比减小，重力势对土壤水分入渗的影响被削弱。随着灌水时间的持续，反映在水流推进速度上表现为灌水沟沟深越大，水流推进速度就越快。

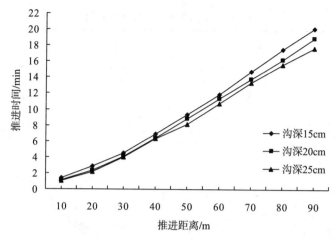

(a)垄宽 $L=70$cm，沟宽 $W=50$cm，纵坡 $i=1$‰

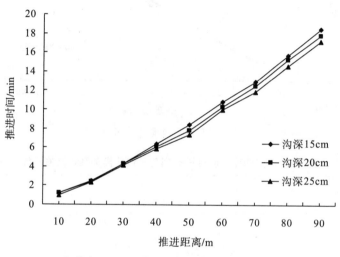

(b)垄宽 $L=110$cm，沟宽 $W=50$cm，纵坡 $i=1$‰

图 2-6　沟深对水流推进时间的影响

表 2-6　不同沟深沟内水流推进平均速度　　　　单位：m/min

沟深/cm　　　推进速度	垄宽 70cm	垄宽 110cm
15	4.48	4.86
20	4.76	5.06
25	5.08	5.23

　　对图 2-6 中数据分析发现，宽垄沟灌不同沟深的水流推进时间与推进距离呈幂函数关系，即

$$t = ax^b \tag{2-11}$$

式中，t 为水流推进时间，min；x 为水流前锋到灌水沟首的距离，m；a、b 为拟合参数，通过实测资料确定。

对图 2-6 和表 2-6 中试验数据进行拟合回归分析，不同沟深的水流推进时间与推进距离关系式相关系数见表 2-7。

表 2-7　不同沟深水流推进时间与推进距离关系式相关系数

相关系数 沟深/cm	垄宽 70cm			垄宽 110cm		
	a	b	R^2	a	b	R^2
15	1.2462	1.2553	0.9966	1.1148	1.2627	0.9978
20	1.0362	1.3187	0.9955	1.1031	1.2462	0.9968
25	0.9575	1.3361	0.9965	0.9800	1.2908	0.9992

三、沟底纵坡对水流推进特性的影响

为研究水流推进与沟底纵坡的关系，分别进行了两种不同垄宽（70cm 和 110cm）条件下的试验。70cm 垄宽，选取沟宽 40cm、沟深 20cm 的三种沟底纵坡进行研究；110cm 垄宽，采用了正交试验方法设计，再加上增加选取了几组有代表性的沟灌沟垄田规格参数试验，在沟底纵坡方面，选取沟宽 50cm、沟深 20cm 进行试验，两种垄面宽度的水流推进曲线见图 2-7。

由图 2-7 可见，水流前锋行进过程对不同的沟底纵坡较为敏感，无论垄面宽度是 70cm，还是 110cm，在相同沟宽和沟深条件下，水流推进所耗时长都符合随着沟底纵坡的增大而减小的规律。这主要是由于沟底纵坡增大，沟首与沟尾的高差加大，加快了水流推进速度。图 2-7（a）中，随着水流的推进，差异逐渐显现，在水流前锋运动至 50m 时，沟底纵坡为 3‰ 的水流推进历时分别较 1‰、2‰ 的减少 1.7min 和 0.6min，最终沟底纵坡为 3‰ 条件下的水流推进历时最短，推进速度最快。从图 2-7（b）可以看出，三种沟底纵坡水流推进历时的差异在灌水初期已很显著，沟底纵坡为 3‰ 的最终水流推进耗时较 1‰ 和 2‰ 的分别减少 2.8min、1.2min。由此可见，沟底纵坡是控制水流推进速度的重要因素。

对图 2-7 中数据分析发现，宽垄沟灌不同沟底纵坡的水流推进时间与推进距离呈幂函数关系，即

$$t = ax^b \tag{2-12}$$

式中，t 为水流推进时间，min；x 为水流前锋到灌水沟首的距离，m；a、b 为拟合参数，通过实测资料确定。

对图 2-7 中试验数据进行拟合回归分析，不同沟底纵坡的水流推进时间与推进距离关系式相关系数见表 2-8。

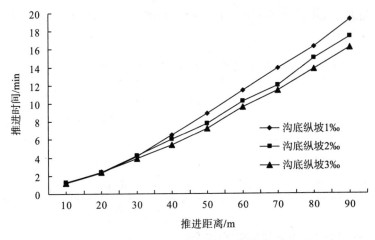

(a)垄宽 $L=70$cm，沟宽 $W=40$cm，沟深 $H=20$cm

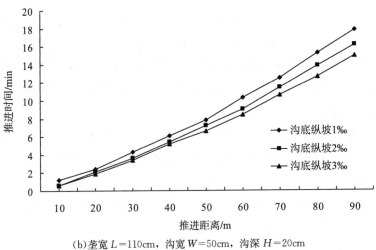

(b)垄宽 $L=110$cm，沟宽 $W=50$cm，沟深 $H=20$cm

图 2-7　沟底纵坡对水流推进的影响

四、垄宽对水流推进特性的影响

　　小麦、玉米宽垄沟灌改变了小麦和玉米传统的种植和灌溉方式，采用了垄上种植一年两熟小麦和玉米，并在垄沟进行灌溉和施肥的方式。选取多大种植垄宽，才能在优化传统种植模式的情况下不至于降低种植密度，通过综合优化考虑，又结合试验田的实际种植密度，本章试验选取了垄宽 70cm 和 110cm 进行研究。不同垄宽的水流推进耗时如图 2-8 所示。

表 2-8　不同沟底纵坡水流推进时间与推进距离关系式相关系数

相关系数 沟底纵坡	垄宽 70cm			垄宽 110cm		
	a	b	R^2	a	b	R^2
1‰	1.0511	1.3155	0.9954	1.1031	1.2462	0.9968
2‰	1.1609	1.2067	0.9943	0.6785	1.4611	0.9956
3‰	1.0976	1.1988	0.9958	0.9920	1.2021	0.9829

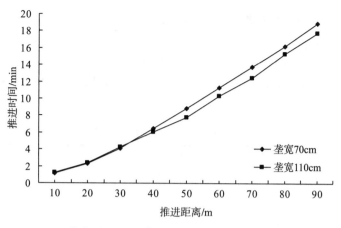

沟宽 $W=50$cm，沟深 $H=20$cm，纵坡 $i=1$‰

图 2-8　垄宽对水流推进时间的影响

观察图 2-8 可以发现，其他条件相同的情况下，不同垄宽对水流推进总时间影响较大，分析水流前锋推进的具体阶段，发现相同入沟流量下，随着垄宽的增加，水流推进速度显著减慢。水流推进到距沟首 30m 前，70cm 垄宽的水流推进耗时略低于 110cm 垄宽；水流推进到距沟首 40m 左右时，两种垄宽的水流推进耗时差异较小；距沟首 50m 左右时，耗时差距逐渐拉大；水流推进到沟尾时，110cm 垄宽较 70cm 垄宽耗时少3.97min。主要由于入沟流量相同时，当垄宽从 70cm 增加到 110cm，土壤在基质势的作用下，横向侧渗能力加强，较大削弱了沟中水流的径向运动，导致水流的推进速度减慢。

对图 2-8 中数据分析发现，宽垄沟灌不同垄宽的水流推进时间与推进距离呈幂函数关系，即

$$t = ax^b \tag{2-13}$$

式中，t 为水流推进时间，min；x 为水流前锋到灌水沟首的距离，m；a、b 为拟合参数，通过实测资料确定。

对图 2-8 中试验数据进行拟合回归分析，不同垄宽的水流推进时间与推进距离关系式相关系数见表 2-9。

表 2-9　不同垄宽水流推进时间与推进距离关系式相关系数

相关系数 垄宽/cm	a	b	R^2
70	0.0483	1.3258	0.9989
110	0.0464	1.3767	0.9976

第四节　宽垄沟灌垄田规格参数对灌溉水流消退的影响

影响沟灌水流消退过程的因素很多，本章通过田间的灌溉试验，研究了垄宽、沟宽、沟深和沟底纵坡等沟垄田参数在不同组合下对水流消退的影响。

水流消退的标准为该处无连片的水层。对大田试验实测水流消退资料进行分析表明，

退水距离 x 与水流消退时间 t 之间符合幂函数关系，即

$$t = ax^b \qquad\qquad (2\text{-}14)$$

式中，t 为水流消退时间，min；x 为观测入渗点距沟首的距离，m；a、b 为拟合参数。计算结果见表 2-10。可以看出，水流消退过程中，水流消退距离与消退时间之间具有良好的幂函数关系。

表 2-10　水流消退参数拟合值

垄宽/cm	沟宽/cm	沟深/cm	纵坡/‰	a	b	R^2
	40	15	2	22.771	0.639	0.9721
	40	20	1	91.930	0.277	0.9430
	40	20	2	27.327	0.626	0.9667
	40	25	2	32.203	0.616	0.9622
70	50	15	1	89.132	0.285	0.9478
	50	20	1	104.880	0.257	0.9189
	50	20	2	31.130	0.594	0.9641
	50	20	3	9.692	0.901	0.9804
	40	20	2	43.310	0.520	0.9745
	50	20	1	88.609	0.273	0.9343
110	50	20	2	34.777	0.547	0.9857
	50	20	3	7.148	0.963	0.9832
	50	25	1	111.180	0.245	0.9411
	60	20	2	30.407	0.563	0.9850

一、沟宽对水流消退的影响

图 2-9 为垄宽 110cm、沟深 20cm、沟底纵坡 0.002 时，不同沟宽对水流消退过程的影响曲线。可以看出，沟宽对水流消退过程影响很大，在其他参数相同的情况下，随着沟宽的增加，水流消退速度显著加快。分析原因可知，随着沟宽度的增大，在沟底宽固定的情况下，边坡比增大，导致水力湿周的增加，在保证灌溉水流垂直入渗的同时，相对增加了水分的侧向入渗，最终加快了灌溉水流的消退速度。

对图 2-9 中数据分析发现，宽垄沟灌不同沟宽的沟灌田面水流消退时间与距沟首距离呈幂函数关系，即

$$t = ax^b \qquad\qquad (2\text{-}15)$$

式中，t 为水流消退时间，min；x 为观测入渗点距沟首的距离，m；a、b 为拟合参数，通过实测资料确定。

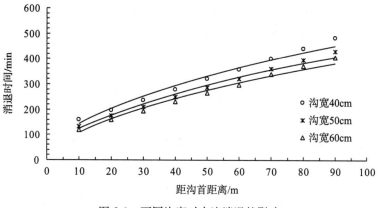

图 2-9　不同沟宽对水流消退的影响

对图 2-9 中试验数据进行拟合回归分析，沟宽 40cm、50cm 和 60cm 的水流消退时间与距离关系式相关系数见表 2-11。

表 2-11　不同沟宽水流消退时间与距沟首距离关系式相关系数

沟宽/cm	相关系数	a	b	R^2
40		43.309	0.520	0.9747
50		34.776	0.546	0.9847
60		30.407	0.562	0.9853

二、沟深对水流消退的影响

图 2-10 为垄宽 70cm、沟宽 40cm、沟底纵坡 2‰时，不同沟深对水流消退过程的影响曲线。

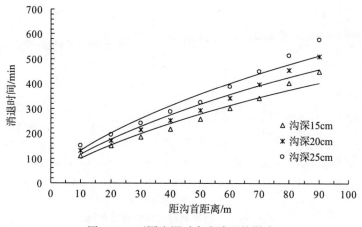

图 2-10　不同沟深对水流消退的影响

可以看出，沟深对水流消退的影响较大，且随着沟深的增加，消退时间逐渐延长。当其他沟垄田规格参数均相同，入沟流量保持不变时，随着沟深增加，湿周减小，累积入渗量也随之减小。因而，水流消退时间随着沟深的增大而延长。

对图 2-10 中数据分析发现，宽垄沟灌不同沟深的沟灌田面水流消退时间与距沟首距离呈幂函数关系，即

$$t = ax^b \qquad (2\text{-}16)$$

式中，t 为水流消退时间，min；x 为观测入渗点距沟首的距离，m；a、b 为拟合参数，通过实测资料确定。

对图 2-10 中试验数据进行拟合回归分析，沟深 15cm、20cm 和 25cm 的水流消退时间与距离关系式相关系数见表 2-12。

表 2-12　不同沟深水流消退时间与距沟首距离关系式相关系数

沟深/cm	a	b	R^2
15	22.771	0.639	0.9721
20	27.327	0.626	0.9667
25	32.203	0.616	0.9622

三、沟底纵坡对水流消退的影响

图 2-11 为垄宽 70cm、沟宽 50cm、沟深 20cm 时，不同沟底纵坡对水流消退过程的影响。可以看出，纵坡对水流消退的影响较大，在沟首部分，随着纵坡增大，水流消退时间变短，在沟尾部分则随着纵坡增大，水流消退时间增长。这是因为当纵坡增加时，沟首与沟尾储水量的比例减小，大量灌溉水分积在沟尾，因此，沟首部分积水厚度小，消退速度快；沟尾部分由于积水量大，水分入渗时间长，水分入渗速率降低，使水分入渗更加缓慢，所以才会出现水分入渗十分不均的现象。

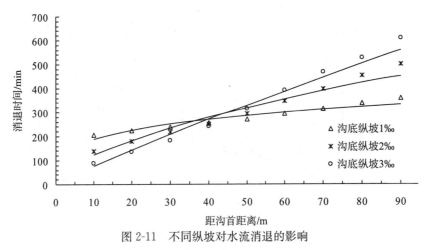

图 2-11　不同纵坡对水流消退的影响

对图 2-11 中数据分析发现，宽垄沟灌不同沟底纵坡的沟灌田面水流消退时间与距沟首距离呈幂函数关系，即

$$t = ax^b \qquad (2\text{-}17)$$

式中，t 为水流消退时间，min；x 为观测入渗点距沟首的距离，m；a、b 为拟合参数，通过实测资料确定。

对图 2-11 中试验数据进行拟合回归分析，沟底纵坡 1‰、2‰和 3‰的水流消退时间与距离关系式相关系数见表 2-13。

表 2-13　不同沟底纵坡水流消退时间与距沟首距离关系式相关系数

沟底纵坡 ＼ 相关系数	a	b	R^2
1‰	104.880	0.257	0.9189
2‰	31.130	0.594	0.9641
3‰	9.692	0.901	0.9804

四、垄宽对水流消退的影响

图 2-12 为沟宽 50cm、沟深 20cm、沟底纵坡 1‰时，不同垄宽对水流消退过程的影响曲线。可以看出，随着垄宽的增加，水流消退时间变短，消退速度加快。这主要是由于水分在土壤中运动主要靠基质势和重力势作用，110cm 宽垄比 70cm 垄宽的湿润锋交汇耗时长，同一横截面上土壤水吸力和水势梯度差异更大，水分在重力势作用下满足垂直入渗的同时，在更强的基质势作用下较容易向垄埂中间产生侧渗，最终缩短了水流入渗时间。不同垄宽的消退时间与距沟首距离存在一个良好的幂函数关系，垄宽 70cm 和 110cm 的拟合结果见表 2-14。

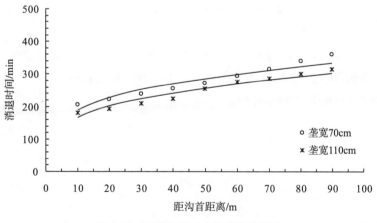

图 2-12　不同垄宽对水流消退的影响

对图 2-12 中数据进行回归分析，发现宽垄沟灌不同垄宽的沟灌田面水流消退时间与距沟首距离呈幂函数关系，即

$$t = ax^b \tag{2-18}$$

式中，t 为水流消退时间，min；x 为观测入渗点距沟首的距离，m；a、b 为拟合参数，通过实测资料确定。

对图 2-12 中试验数据进行拟合回归分析，垄宽 70cm 和 110cm 的水流消退时间与距离关系式相关系数见表 2-14。

表 2-14　不同垄宽水流消退时间与距沟首距离关系式相关系数

相关系数 垄宽/cm	a	b	R^2
70	104.880	0.257	0.9189
110	88.609	0.273	0.9343

第五节　主要结论

本章通过大量田间试验，对宽垄沟灌田面水流推进和消退过程进行观测，分析了不同沟垄田规格参数对水流推进与消退的影响，得出结论如下。

(1)建立了宽垄沟灌不同沟垄田规格参数下灌溉水流推进距离与时间及水流消退距离与时间的关系。宽垄沟灌条件下水流推进与消退的距离与时间之间均为良好的幂函数关系，不过水流推进距离与时间的幂函数关系更为显著。

(2)探明了宽垄沟灌条件下，沟宽、沟深、沟底纵坡和垄宽四种沟垄田规格参数对水流推进和消退的影响规律。随着沟深、沟底纵坡的增大，水流推进速度加快，随着沟宽、垄宽的增大，水流推进速度变慢，其中，沟底纵坡为影响水流推进耗时的主要因素，垄宽次之。对水流消退过程来说，随着沟宽、垄宽的增大，水流消退速度加快，消退历时缩短；随着沟深的增大，消退时长延长；随着沟底纵坡的增大，沟首入渗时间变短，沟尾入渗时间变长，使得灌水沟首、尾入渗时间差异加大。其中，影响水流消退历时的主要因素依然为沟底纵坡，沟宽次之。同时发现，与水流推进相比，四种沟垄田规格参数对水流消退的影响更为显著。

(3)建立了宽垄沟灌不同沟宽、沟深、沟底纵坡和垄宽条件下，水流推进距离与推进时间的关系；同时建立了距沟首消退距离与消退时间的幂函数关系。

第三章 宽垄沟灌垄田规格参数
与沟灌技术要素优化研究

第一节 试验与方法

试验于 2012 年 3 月~2012 年 6 月在华北水利水电大学河南省节水农业重点实验室农水试验场进行，试验土壤特性参数、灌水沟规格参数与第二章一部分相同。在灌水前后，沿田块长度方向每隔 10m 取一断面，每个断面分别在垄顶、沟侧壁和沟底各取一个测点，每测点分 5 层(层深 20cm)测量土壤含水率，测量深度 1m，用取土烘干法测量土壤含水率，以分析不同处理的灌水质量评价指标情况。

第二节 小麦、玉米宽垄种植灌水质量评价

一、灌水质量评价指标

灌水质量评价指标灌水均匀度(E_d)、灌水效率(E_a)和储水效率(E_s)的计算公式如下：

$$E_d = \left[1 - \frac{\sum_{i=0}^{n}|Z_i - \bar{Z}|}{n\bar{Z}}\right] \times 100\% \tag{3-1}$$

$$E_a = \frac{W_1}{W} \times 100\% \tag{3-2}$$

$$E_s = \frac{W_1}{W_1 + W_2} \times 100\% \tag{3-3}$$

式中，Z_i、$\bar{Z}$ 分别表示灌后沿沟长各断面土壤累积入渗水量及平均入渗水量，由测取沟中各点灌水前后土壤含水率变化计算得出，mm；n 为测算断面数；W_1 为灌后存储于计划湿润层内的有效水量，mm；W_2 为计划湿润层内的欠灌水量，mm；W 为田间灌溉水量，mm。

其中，W_1 的计算公式为

$$W_1 = 10\sum_{i=1}^{n}\gamma H_i(\theta_{i2} - \theta_{i1}) \tag{3-4}$$

式中，i 为土壤分层号数；n 为土壤分层总数；γ 为第 i 层土壤干容重，g/cm³；H_i 为第 i

层土壤厚度，cm；θ_{i2} 为第 i 层土壤灌后的含水率，%；θ_{i1} 为第 i 层土壤灌前的含水率，%。

对于常规沟灌，土壤含水率用沟和垄的土壤含水率平均值计算，本章宽垄沟灌土壤含水率取沟、坡、垄土壤含水率的平均值。

影响沟灌灌水质量因素较多，各因素对灌水的影响大小也不同。因此，本章用上述公式对垄宽分别为 70cm 和 110cm 两种种植模式的沟垄田规格参数组合的灌水质量进行评价，并通过 MATLAB 对数据进行分析，选出沟垄田规格参数合理组合区间，以待最终进行沟垄田规格参数的优化。

二、沟垄田规格参数组合评价

（一）垄宽为 70cm 时的沟垄田规格参数组合评价

用式(3-1)～式(3-3)对田间灌水试验结果进行灌水质量评价，得出 70cm 垄宽条件下，不同沟底纵坡、沟宽和沟深等沟垄田规格参数组合下的灌水均匀度 E_d、灌水效率 E_a 和储水效率 E_s。计算结果见表 3-1。

将表 3-1 中的数据用 origin 软件进行计算分析，得出垄宽为 70cm 时不同沟宽和沟深与灌水均匀度 E_d、灌水效率 E_a 和储水效率 E_s 的回归关系方程，并用 MATLAB 软件编写程序，做垄宽为 70cm 时，不同沟底纵坡条件下沟宽和沟深与灌水均匀度、灌水效率和储水效率的等值线图，见图 3-1～图 3-3。

表 3-1　70cm 垄宽时不同沟垄田规格组合灌水质量评价

处理编号	沟宽/cm	沟深/cm	沟底纵坡/‰	灌水量/mm	入沟流量/(L/s)	灌水均匀度 E_d/%	灌水效率 E_a/%	储水效率 E_s/%
1	40	15	1	45	1.65	90.41	90.20	90.22
2	40	15	2	45	1.65	86.53	89.67	87.45
3	40	15	3	45	1.65	76.41	78.65	84.84
4	40	20	1	45	1.65	92.94	93.32	91.73
5	40	20	2	45	1.65	84.69	90.77	88.89
6	40	20	3	45	1.65	71.50	82.25	86.21
7	40	25	1	45	1.65	88.62	94.19	88.63
8	40	25	2	45	1.65	87.41	91.31	85.94
9	40	25	3	45	1.65	69.37	84.47	83.27
10	50	15	1	45	1.8	91.21	80.2	85.00
11	50	15	2	45	1.8	87.43	84.60	82.51
12	50	15	3	45	1.8	78.78	72.47	79.92
13	50	20	1	45	1.8	93.56	82.39	85.87
14	50	20	2	45	1.8	86.84	85.76	83.26
15	50	20	3	45	1.8	74.33	75.34	80.67

续表

处理编号	沟宽/cm	沟深/cm	沟底纵坡/‰	灌水量/mm	入沟流量/(L/s)	灌水均匀度 E_d/%	灌水效率 E_a/%	储水效率 E_s/%
16	50	25	1	45	1.8	89.80	85.12	81.03
17	50	25	2	45	1.8	86.67	89.30	78.56
18	50	25	3	45	1.8	72.25	78.89	76.14

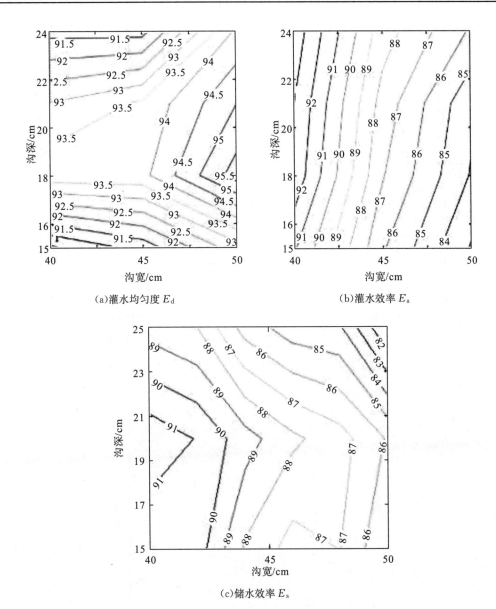

(a)灌水均匀度 E_d

(b)灌水效率 E_a

(c)储水效率 E_s

图 3-1　沟底纵坡为 1‰ 的灌水质量指标与沟宽和沟深关系图

从图 3-1 可知，在 70cm 垄宽的种植模式下，当沟底纵坡为 1‰ 时，随着沟宽的增加，灌水均匀度增加，灌水效率和储水效率则随之减小。随着沟深的增加，灌水效率随之增大；灌水均匀度和储水效率则是先增大到一定值后慢慢减小。这是因为沟宽增大时，水流与土壤的接触面积变大，在基质势与重力势的作用下，加大了水平吸渗与垂直入渗，使得存储在垄埂中的水分更加均匀，因此灌水均匀度 E_d 增大。同时沟宽增大，垂向入渗量增大，容易产生深层渗漏，灌水效率和储水效率逐渐降低。沟宽一定时，随着沟深的增加，湿周减小，垂向入渗速度和入渗量都减小，更多的水分在基质势的作用下，发生横向侧渗，存储在垄埂中，灌水效率和储水效率增加；同时由于沟底纵坡比较平缓，水流推进速度缓慢，沟深较浅时，平缓的水流于沟首入渗较多，同样，沟深较深时，水分入渗速度快，水分入渗不及时，更多水分流入沟尾，只有沟深为 20cm 左右时，灌水均匀度 E_d 才较高。

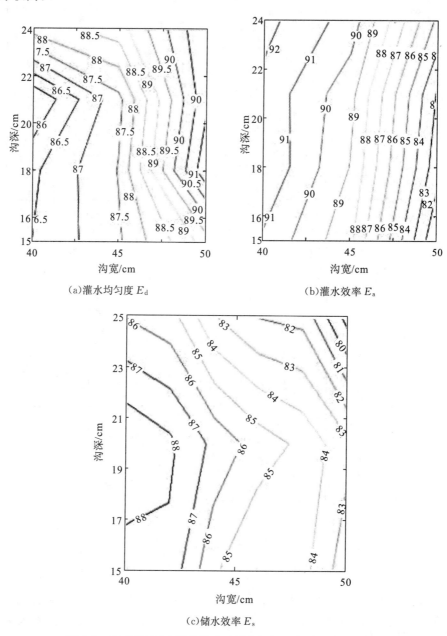

(a)灌水均匀度 E_d 　　　　　　　　　　(b)灌水效率 E_a

(c)储水效率 E_s

图 3-2　沟底纵坡为 2‰的灌水质量指标与沟宽和沟深关系图

从图 3-2 可知，沟底纵坡为 2‰时，沟宽对灌水均匀度 E_d、灌水效率 E_a 和储水效率 E_s 的影响趋势与沟底纵坡为 1‰时相同：随着沟深的增加，灌水均匀度和储水效率先增大后减小；随着沟宽的增加，灌水均匀度随之增加，灌水效率和储水效率则减小。不过，随着沟底纵坡的增大，沟深对灌水均匀度 E_d 和储水效率 E_s 的影响变化较大。由前面分析可知，沟底纵坡平缓时，水流推进较慢，沟深较浅或者较深，会分别使水分在沟首和沟尾聚集，灌水均匀度和储水效率较低。

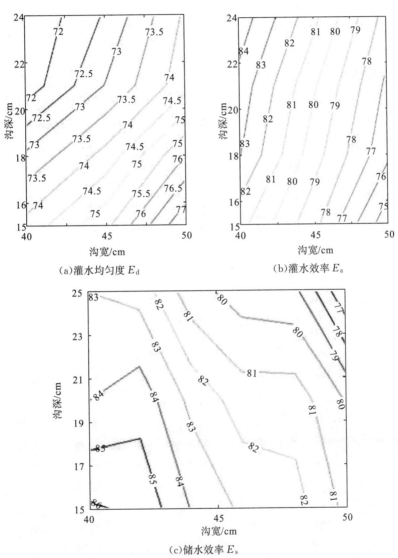

(a) 灌水均匀度 E_d　　　　　　　　(b) 灌水效率 E_a

(c) 储水效率 E_s

图 3-3　沟底纵坡为 3‰的灌水质量指标与沟宽和沟深关系图

由图 3-3 可知，沟底纵坡为 3‰时，沟宽对灌水均匀度 E_d、灌水效率 E_a 和储水效率 E_s 的影响与沟底纵坡为 1‰和 2‰时有所不同：随着沟深的增大，灌水均匀度和储水效率逐渐减小。主要是由于沟底纵坡增加到 3‰时，水流推进速度很快，沟深对水分入渗的影响已经不能对水分在沟尾聚集产生影响，所以随着沟底纵坡的增加，沟深对灌水均匀度和储水效率的影响由先增大后变小变化为直接变小。

结合表 3-1 和图 3-1～图 3-3，将灌水质量评价指标定为灌水均匀度 $E_d \geqslant 80\%$，灌水效率 $E_a \geqslant 85\%$，储水效率 $E_s \geqslant 80\%$，且三者之和最大。可得出垄宽为 70cm 种植模式时，不同沟底纵坡情况下，沟垄田规格参数较为合理的组合区间：沟底纵坡为 1‰时，沟宽为 40～50cm，沟深为 15～20cm；沟底纵坡为 2‰时，沟宽为 40～50cm，沟深为 20～25cm；沟底纵坡为 3‰时，沟宽为 40～50cm，沟深为 20～25cm。

（二）垄宽为 110cm 时的沟垄田规格参数组合评价

用式(3-1)～式(3-3)对 110cm 垄宽条件下不同沟底纵坡、沟宽和沟深等沟垄田规格参数组合下的灌水均匀度 E_d、灌水效率 E_a 和储水效率 E_s 进行评价。计算结果见表 3-2。将表 3-2 中的数据用 origin 软件进行计算分析，得出垄宽为 110cm 时不同沟宽和沟深与灌水均匀度 E_d、灌水效率 E_a 和储水效率 E_s 的回归关系方程，并用 MATLAB 软件编写程序，做垄宽为 110cm 时，不同沟底纵坡条件下沟宽和沟深与三项指标的等值线图。见图 3-4～图 3-6。

表 3-2　110cm 垄宽时不同沟垄田规格组合灌水质量评价

处理编号	沟宽 /cm	沟深 /cm	沟底纵坡/‰	灌水量 /mm	入沟流量 /(L/s)	灌水均匀度 E_d/%	灌水效率 E_a/%	储水效率 E_s/%
1	40	15	1	45	2.25	89.13	71.31	77.00
2	40	15	2	45	2.25	85.19	67.78	74.67
3	40	15	3	45	2.25	75.08	62.13	72.44
4	40	20	1	45	2.25	91.62	72.89	78.89
5	40	20	2	45	2.25	87.41	70.01	76.45
6	40	20	3	45	2.25	70.23	66.23	74.21
7	40	25	1	45	2.25	87.28	76.67	75.03
8	40	25	2	45	2.25	83.10	74.27	72.78
9	40	25	3	45	2.25	68.14	67.61	70.46
10	50	15	1	45	2.4	89.93	87.67	80.21
11	50	15	2	45	2.4	86.14	87.24	77.82
12	50	15	3	45	2.4	77.48	76.23	75.41
13	50	20	1	45	2.4	92.32	90.78	81.67
14	50	20	2	45	2.4	88.47	88.32	79.22
15	50	20	3	45	2.4	72.97	79.78	76.78
16	50	25	1	45	2.4	88.48	91.67	78.56
17	50	25	2	45	2.4	84.39	88.76	76.2
18	50	25	3	45	2.4	71.03	82.32	73.89
19	60	15	1	45	2.55	91.52	77.73	74.97
20	60	15	2	45	2.55	87.94	82.10	72.78
21	60	15	3	45	2.55	81.56	69.97	70.46
22	60	20	1	45	2.55	93.42	79.89	75.89

处理编号	沟宽 /cm	沟深 /cm	沟底纵坡/‰	灌水量 /mm	入沟流量 /(L/s)	灌水均匀度 E_d/%	灌水效率 E_a/%	储水效率 E_s/%
23	60	20	2	45	2.55	89.22	83.30	73.56
24	60	20	3	45	2.55	75.53	72.78	71.34
25	60	25	1	45	2.55	90.31	82.56	71.02
26	60	25	2	45	2.55	85.07	86.78	68.92
27	60	25	3	45	2.55	73.23	76.44	66.74

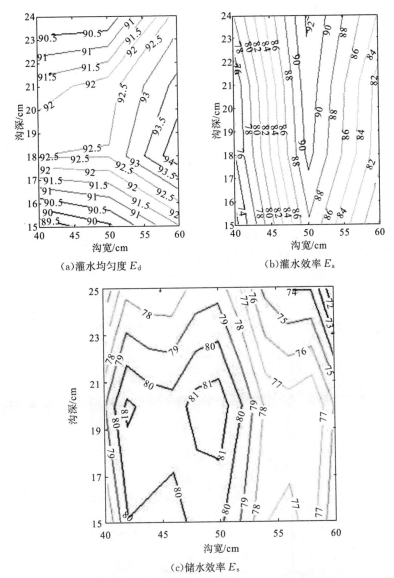

(a)灌水均匀度 E_d　　　　　(b)灌水效率 E_a

(c)储水效率 E_s

图 3-4　沟底纵坡为 1‰的灌水质量指标与沟宽和沟深关系图

从图 3-4 可以看出，在垄宽为 110cm 的种植模式下，当沟底纵坡为 1‰时，随着沟宽的增加，灌水均匀度 E_d 随之增加，灌水效率 E_a 和储水效率 E_s 则先增大，当沟宽为 50cm

左右时灌水效率和储水效率达到最大，当沟宽进一步增大时，灌水效率和储水效率则逐渐减小，等值线图以 50cm 沟宽呈对称形状；沟宽为 40cm 时，由于沟容积小，灌入沟中水量大，水分入渗困难，甚至发生水流满溢现象，使蒸发量增大，同时由于水分向两侧入渗缓慢，很多水分向下形成深层渗漏，造成水资源浪费；当沟宽为 60cm 时，入沟流量增大，总灌水量也增加，同时沟底宽增大，深层渗漏增多，灌水效率和储水效率逐渐降低。沟宽一定时，一方面随着沟深的增加，灌水效率 E_a 随之增大，这是因为随着沟深的增加，沟底宽减小，沟侧边坡浸水面积增大，因此入渗速度和入渗量都增加，更多的水分存储在垄埂中，灌水效率增加；另一方面，随着沟深的增加，灌水均匀度 E_d 和储水效率 E_s 则是先增大，增大到大约沟深为 20cm 后慢慢减小。这是因为当沟底纵坡为 1‰时，由于沟底纵坡比较平缓，水流推进速度缓慢，沟深较浅时，平缓的水流于沟首入渗较多，同样，沟深较深时，水分入渗速度快，水分入渗不及时，更多水分流入沟尾，只有沟深为 20cm 附近时，各因素较为平衡，灌水均匀度 E_d 较高。

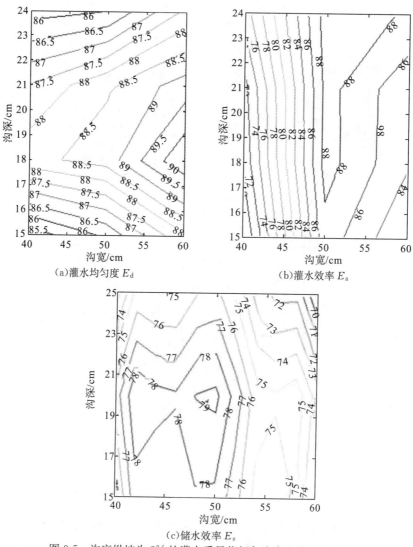

图 3-5　沟底纵坡为 2‰的灌水质量指标与沟宽和沟深关系图

从图3-5可知，沟底纵坡为2‰时，沟宽对灌水均匀度E_d、灌水效率E_a和储水效率E_s的影响趋势与沟底纵坡为1‰时相同：随着沟宽的增加，灌水均匀度E_d随之增加，灌水效率E_a和储水效率E_s则先增大后减小，随着沟深的增加，灌水效率增加，灌水均匀度和储水效率先变大后减小。不过，随着沟底纵坡的增大，沟深对灌水均匀度E_d和储水效率E_s的影响变化较大，随着沟底纵坡的增大，沟宽为40~50cm的等值线越来越密集，50~60cm则逐渐稀疏，即40~50cm灌水效率变化较大，50~60cm变化较小。由前面分析可知，沟底纵坡平缓时，水流推进较慢，沟深较浅或者较深，会分别使水分在沟首和沟尾聚集，灌水均匀度和储水效率较低。

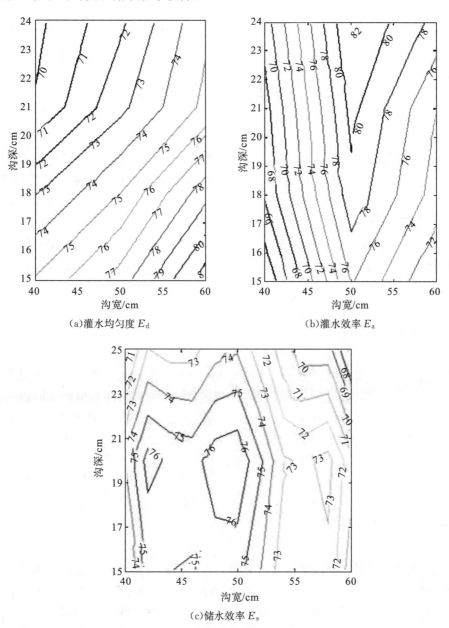

(a)灌水均匀度E_d　　　　　　　　(b)灌水效率E_a

(c)储水效率E_s

图3-6　沟底纵坡为3‰的灌水质量指标与沟宽和沟深关系图

　　由图 3-6 可知，沟底纵坡为 3‰时，沟宽对灌水均匀度 E_d、灌水效率 E_a 和储水效率 E_s 的影响与沟底纵坡为 1‰和 2‰时有所不同：随着沟深的增大，灌水均匀度减小，其他两种灌水质量评价指标的趋势不变；随着沟宽的增大，灌水效率和储水效率先增大后变小，灌水均匀度则持续变大。主要是由于沟底纵坡增加到 3‰的时候，沿灌水沟的纵向水分分布差异较大，沟深越大入渗，深度差异越明显，但随着沟宽的增加，水分侧渗强度增大，削弱了垂向入渗，导致灌水均匀度增加。结合图 3-4～图 3-6 和表 3-2，将灌水质量评价指标定为灌水均匀度 $E_d \geqslant 80\%$，灌水效率 $E_a \geqslant 85\%$，储水效率 $E_s \geqslant 80\%$，且三者之和最大。可得出垄宽为 110cm 种植模式时，不同沟底纵坡情况下，沟垄田规格参数较为合理的组合区间：沟底纵坡为 1‰时，沟宽为 40～50cm，沟深为 20～25cm；沟底纵坡为 2‰时，沟宽为 50～60cm，沟深为 20～25cm；沟底纵坡为 3‰时，沟宽为 50～60cm，沟深为 20～25cm。

第三节　沟垄田规格参数组合优化

　　地面灌溉设计的任务就是要在完成计划灌水定额的前提下，确定合理的灌水技术要素，得到较高的灌水质量。由第二节小麦、玉米宽垄灌水质量评价分析可以看出，虽然对垄宽为 70cm 和 110cm 两种模式的各种沟垄田规格参数组合的灌水质量进行了评价，但是由于图、表只能分析沟深和沟宽对灌水均匀度、灌水效率及储水效率的影响，垄宽和沟底纵坡的影响只能纵向比较，而不能直观地统计出来，所以最终只得出一个比较合适的区间，并没有得出确切的最优组合。本节利用正交分析的方法制定正交试验，并通过正交表的计算，最终确定包括垄宽、沟宽、沟深和沟底纵坡等四个沟垄田规格参数在内的最优组合。

一、试验处理与设计

　　影响沟灌灌水效果的因素很多，根据小麦、玉米宽垄种植模式对沟垄田规格参数的基本要求以及当地试验场地的具体情况，选择垄宽、沟宽、沟深和沟底纵坡四个因素进行试验。为了试验设计方便，本节试验增加了垄宽为 20cm 的灌水技术要素，试验采用四因素三水平正交表设计试验方案，具体见表 3-3，因素及其对应的水平如下：沟底纵坡 A 为 1‰、2‰、3‰；沟深 B 为 15cm、20cm、25cm；沟宽 C 为 40cm、50cm、60cm；垄宽 D 为 20cm、70cm、110cm。

二、试验结果极差分析

　　极差分析就是通过正交试验结果，分析因素与试验指标之间的关系，判断因素对试验指标影响的显著程度，分清各因素的主次顺序，找出试验因素的优水平和试验范围内的最优组合，即试验因素各取什么水平时，试验指标最好。其中 k_i 为各因素第 i 水平所对应的试验指标和的平均值，由 k_i 值的大小可以判断该因素优水平和各因素的优水平组合，即最优组合。R 为各因素的极差，即各因素各水平下的指标值的最大值与最小值之差，反映各因素水平波动时，试验指标的变动幅度。R 越大，说明该因素对试验指标的影响越大。根据 R 大小，可以判断因素的主次顺序。

表 3-3　小麦、玉米宽垄沟垄田规格参数试验设计正交表

试验号	沟底纵坡/‰	沟深/cm	沟宽/cm	垄宽/cm	处理组合
1	$1(A_1)$	$15(B_1)$	$40(C_1)$	$20(D_1)$	$A_1B_1C_1D_1$
2	$1(A_1)$	$20(B_2)$	$50(C_2)$	$70(D_2)$	$A_1B_2C_2D_2$
3	$1(A_1)$	$25(B_3)$	$60(C_3)$	$110(D_3)$	$A_1B_3C_3D_3$
4	$2(A_2)$	$15(B_1)$	$50(C_2)$	$110(D_3)$	$A_2B_1C_2D_3$
5	$2(A_2)$	$20(B_2)$	$60(C_3)$	$20(D_1)$	$A_2B_2C_3D_1$
6	$2(A_2)$	$25(B_3)$	$40(C_1)$	$70(D_2)$	$A_2B_3C_1D_2$
7	$3(A_3)$	$15(B_1)$	$60(C_3)$	$70(D_2)$	$A_3B_1C_3D_2$
8	$3(A_3)$	$20(B_2)$	$40(C_1)$	$110(D_3)$	$A_3B_2C_1D_3$
9	$3(A_3)$	$25(B_3)$	$50(C_2)$	$20(D_1)$	$A_3B_3C_2D_1$

三、沟垄田规格参数对灌水质量的影响

由式(3-1)～式(3-3)计算得出灌水质量评价指标：灌水均匀度 E_d、灌水效率 E_a、储水效率 E_s 分别见表 3-4～表 3-7。

表 3-4　灌水评价指标计算结果

试验处理	1	2	3	4	5	6	7	8	9
灌水均匀度/%	84.7	93.5	90.3	86.14	82	87.4	81.2	70.23	78
灌水效率/%	70.3	82.4	80.5	77.6	55.2	91.5	64.6	85.3	60.1
储水效率/%	70.8	85.9	71	77.8	80.3	83.3	73.2	74.2	76.8

表 3-5　以灌水均匀度 E_d 为评价指标的极差分析表

因素	沟底纵坡	沟深	沟宽	垄宽
k_1	68.81	65.53	67.66	63.75
k_2	66.75	67.49	66.34	68.72
k_3	64.57	67.23	66.11	67.71
R	5.34	1.28	2.02	5.06

注：k 表示各因素在某种水平下所对应的试验指标平均值；R 表示各因素下的极差值。

表 3-6　以灌水效率 E_a 为评价指标的极差分析表

因素	沟底纵坡	沟深	沟宽	垄宽
k_1	77.67	70.83	82.30	61.87
k_2	74.70	74.30	73.37	79.43
k_3	70.00	77.23	66.70	81.07
R	7.67	6.40	8.93	19.20

表 3-7　以储水效率 E_s 为评价指标的极差分析表

因素	沟底纵坡	沟深	沟宽	垄宽
k_1	82.98	82.24	81.18	66.93
k_2	80.50	83.61	78.31	85.36
k_3	78.00	80.79	76.50	71.78
R	4.72	2.49	5.16	17.78

　　表 3-4 是根据实验数据由相应公式计算的灌水均匀度 E_d、灌水效率 E_a 和储水效率 E_s 值。表 3-5～表 3-7 是根据表 3-4 数据经过极差分析得出的各因素指标值 k_i 和极差 R。图 3-7～图 3-9 表示了宽垄沟灌沟垄田规格参数对灌水质量指标的影响，图中 k_i 为各因素第 i 水平所对应的试验指标和的平均值，R 为各因素的极差。可以看出，沟宽和沟深对灌水效率 E_a 的影响较小，垄宽对灌水效率的影响最大，其次为沟底纵坡；沟底纵坡对灌水均匀度 E_d 的影响最大，其次为垄宽、沟宽和沟深；垄宽对储水效率 E_s 的影响最大，其次为沟宽、沟底纵坡和沟深。

　　宽垄沟灌的垄面蓄积水分的能力和垄面宽度呈正相关关系，而灌水均匀度与垄面宽度呈负相关关系。如果垄面宽度过小，即使会获得较高的灌水均匀度，但其他两个灌水质量评价指标会偏低，同时，垄面过宽的情况下，灌水沟中的水分很难侧渗到垄体中部，很难获得理想的灌水均匀度。对于太小的垄宽，垄面湿润较快，趋近饱和后，水流会转为以垂向运动为主，容易造成深层渗漏，进而影响灌水效率和储水效率。110cm 的垄宽，同一横截面上，水分入渗深度和吸湿强度差异显著，尽管减少了深层渗漏水量，但是灌水均匀性明显不足。对比发现，垄宽为 70cm 的情况下，可以获得较高的灌水效率、储水效率和灌水均匀度。

　　从图 3-7～图 3-9 可以看出，灌水效率、储水效率和灌水均匀度这三项指标均随着沟底纵坡的减小而增大；随着沟宽的增大，灌水均匀度逐渐增大，但灌水效率和储水效率则大幅增长；沟深是灌水效率和储水效率的主要正相关影响因素，但对灌水均匀度影响不大。这主要是由于沟底纵坡越大，灌水沟首部和尾部的高差越大，大量水分存储于沟尾，不但容易产生较大的渗漏量，还会增大灌水沟首、尾入渗深度的差异；沟宽变大，利于灌水沟纵向的均匀入渗，但也会伴随着渗漏量的增加；灌水沟中的水分侧渗强度会随着沟深增大而增大，提高灌水效率和储水效率，而对垂向的入渗深度均匀性的影响较小。

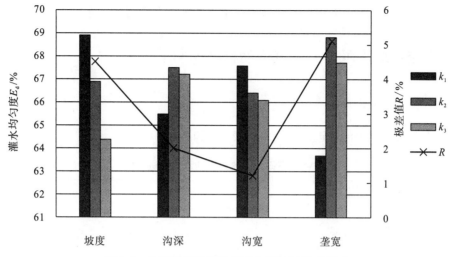

图 3-7 沟垄田规格参数对灌水均匀度 E_d 的影响

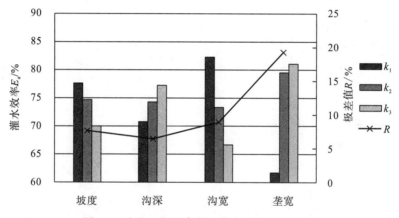

图 3-8 沟垄田规格参数对灌水效率 E_a 的影响

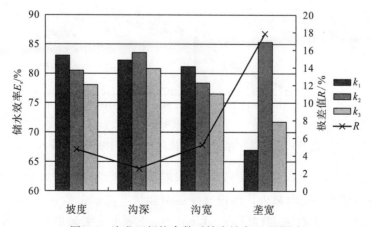

图 3-9 沟垄田规格参数对储水效率 E_s 的影响

利用正交试验和极差分析的方法研究表明：影响灌水效率、储水效率和灌水均匀度这三项指标的主要影响因素为垄宽和沟底纵坡，其次为沟深与沟宽。70cm 垄宽、1‰沟底纵坡、20cm 沟深、40cm 沟宽的沟垄田规格参数能够获得最优灌水质量。

四、入沟流量对灌溉田面水流运动特性的影响

（一）入沟流量对水流推进的影响

不同入沟流量的水流推进试验成果见表 3-8 和图 3-10。

表 3-8　不同入沟流量下的水流推进时间　　　　　（单位：min）

入沟流量/(L/s) ＼ 推进距离/m	10	20	30	40	50	60	70	80	90
1.35	1.2	3.0	5.4	7.8	10.2	13.2	16.2	19.8	23.4
1.50	1.2	3.0	4.8	7.2	9.6	12.0	15.0	18.0	21.0
1.65	1.2	2.4	4.2	6.6	9.0	11.4	13.8	16.2	19.2
1.80	1.2	2.4	4.2	6.0	7.8	10.11	12.42	15.6	18.0
2.00	1.2	2.4	3.6	5.4	7.2	9.6	12.0	14.4	16.8

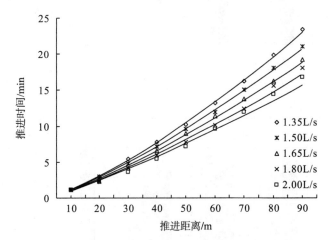

图 3-10　不同入沟流量下水流推进距离与时间的关系

从表 3-8 及图 3-10 可以看出，各处理的水流推进时间相差很大，而且水流推进时间随着入沟流量的增大而逐渐减少，推进速度逐渐加快，流量为 2.00L/s 的水流平均推进速度分别较流量为 1.35L/s、1.50L/s、1.65L/s、1.80L/s 处理的增加 39.29%、25%、14.29%、7.14%。同时，水流推进速度均是在推进前期较快，随着推进距离的增大，推进速度减慢。以流量为 1.65L/s 的为例，水流推进至 20m 时，推进速度为 8.33m/min，推进至 70m 时，推进速度减为 4.17m/min，推进至沟尾 90m 处时的推进速度仅

为 3.33m/min。

对不同入沟流量的水流推进试验资料进行回归分析，由表 3-8 和图 3-10 可以发现宽垄沟灌不同入沟流量的水流推进曲线均符合幂函数关系，即

$$t = ax^b \tag{3-5}$$

式中，t 为水流推进时间，min；x 为水流前锋到灌水沟首的距离，m；a、b 为拟合参数，通过实测资料确定。其中，a 为推进参数，其物理意义为第一单位时间末的水流推进距离，m/min；b 为推进指数，无量纲，其值反映了水流推进的时间效应。

对图 3-10 中试验数据进行拟合回归分析，五种入沟流量的水流推进时间与推进距离关系式相关系数见表 3-9。拟合相关度全部为 0.99 以上，其中指数 b 值范围为 1.2251～1.3455，并且存在相性关系。

表 3-9　不同入沟流量水流推进距离与时间的函数关系

函数表达式 入沟流量/(L/s)	$t = ax^b$		
	a	b	R^2
1.35	1.1975	1.3455	0.9997
1.50	1.1923	1.2991	0.9996
1.65	1.0879	1.2981	0.9959
1.80	1.0921	1.2529	0.9961
2.00	1.0632	1.2251	0.9920

（二）入沟流量对水流消退过程的影响

不同入沟流量的水流消退曲线见表 3-10 和图 3-11。

表 3-10　不同入沟流量下的水流消退时间　　　　　　　（单位：min）

测点距离/m 入沟流量/(L/s)	10	20	30	40	50	60	70	80	90
1.35	178	197	216	236	254	275	295	316	334
1.50	182	201	222	242	260	282	305	328	350
1.65	186	207	228	251	271	294	318	341	364
1.80	191	213	237	261	283	308	332	357	380
2.00	194	216	240	265	289	317	344	371	399

从表 3-10 和图 3-11 可以看出，水流消退时间受入沟流量的影响很大，各试验处理的水流消退时间差异显著，消退耗时随着入沟流量的增大而增大。其原因为，相同灌水定额时，入沟流量的增加必然减少水流推进时间和灌水历时，削弱了灌溉水的水平侧渗，致使入沟流量大的处理消退历时增加。进一步研究发现，消退时间的差异随着消退距离的增加而增加，并且四个处理的消退耗时相对于推进耗时有很大幅度的增加，这主要是由于消退属于缓慢的水分分布过程，随着时间的推移，土壤含水率逐渐达到饱和，土壤水分入渗速度相对于非饱和的土壤有所下降，导致消退历时逐渐加大，差异显著。

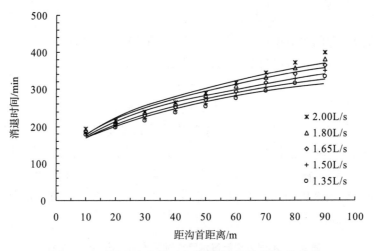

图 3-11　不同入沟流量下水流消退时间与距离的关系

对图 3-11 中数据分析发现，宽垄沟灌不同入沟流量的沟灌田面水流消退时间与距沟首距离呈幂函数关系，即

$$t = ax^b \qquad\qquad (3-6)$$

式中，t 为水流消退时间，min；x 为观测入渗点距沟首的距离，m；a、b 为拟合参数，通过实测资料确定。

对不同入沟流量的水流消退试验资料进行拟合回归分析，水流消退时间与距离关系式相关系数见表 3-11。拟合相关系数全部大于 0.94，其中推进指数 b 值范围为 0.2933 ～0.3343。

表 3-11　不同入沟流量水流消退距离与时间的函数关系

函数表达式 入沟流量/(L/s)	$t = ax^b$		
	a	b	R^2
1.35	84.0452	0.2933	0.9515
1.50	83.9848	0.3011	0.9442
1.65	83.9853	0.3106	0.9482
1.80	84.5191	0.3194	0.9513
2.00	82.0901	0.3343	0.9443

(三)宽垄沟灌灌水质量评价

表 3-12 为不同入沟流量下宽垄沟灌灌水质量评价指标计算结果。由此可知，灌水效率 E_a 和储水效率 E_s 随着入沟流量的增大，先增大后减小，而灌水均匀度 E_d 呈减小趋势。过大或过小的入沟流量，灌水效率和储水效率都有所降低，说明水分在灌溉过程中损失量较大。而流量为 1.65L/s 时，三项指标均较高，能够较好地实现高效灌水。这主要是由于过低的入沟流量使水流推进速度缓慢，水流消退时间过短，从而使 E_a、E_s 偏低。过高的入沟流量使灌水沟尾部存储大量灌溉水，容易产生深层渗漏，并且大流量灌水对灌水沟侧壁冲刷严重，极易造成沟尾跑水和沟垄田规格的破坏。所以，入沟流量过大或过小都不利于实现高效灌水，本节试验条件下，1.65L/s 的入沟流量较适宜。

表 3-12　不同入沟流量下的灌水评价指标计算结果

入沟流量/(L/s) 灌水评价指标	1.35	1.50	1.65	1.80	2.00
灌水效率 E_a/%	90.2	91.8	93.3	90.4	87.5
灌水均匀度 E_d/%	94.5	93.6	92.9	91.8	90.2
储水效率 E_s/%	86.5	88.4	91.7	86.1	81.2

第四节　主 要 结 论

本章用灌水效率、灌水均匀度和储水效率三个指标作为灌水质量评价指标，分别对垄宽为 70cm 和 110cm 两种种植模式的不同沟垄田规格参数组合的灌水质量进行了评价，并对计算得出的各组灌水效率 E_a、灌水均匀度 E_d 和储水效率 E_s 用 origin 统计软件进行分析，得出各自的回归关系方程，然后用 MATLAB 软件进行编程，绘制不同沟垄田规格参数在垄宽为 70cm 和 110cm 两种种植模式下的等值线图，通过对图、表的分析，得出沟宽和沟深在不同沟底纵坡下的合理组合，在此基础上对不同沟垄田规格参数的参数进行优化评价，并确定了优化后模型的适宜入沟流量，得出如下结论。

(1)确定了不同沟垄田规格的适宜参数组合。垄宽为 70cm 的种植模式下，沟底纵坡为 1‰时，沟宽应为 40~50cm，沟深应为 15~20cm；沟底纵坡为 2‰时，沟宽应为 40~50cm，沟深应为 20~25cm；沟底纵坡为 3‰时，沟宽应为 40~50cm，沟深应为 20~25cm。垄宽为 110cm 的种植模式下，沟底纵坡为 1‰时，沟宽应为 40~50cm，沟深应为 20~25cm；沟底纵坡为 2‰时，沟宽应为 50~60cm，沟深应为 20~25cm；沟底纵坡为 3‰时，沟宽应为 50~60cm，沟深应为 20~25cm。

(2)针对粮食主产区的小麦、玉米宽垄沟灌种植模式的实际，对不同沟垄田规格参数组合进行了正交试验，探寻了沟垄田规格参数不同水平对灌水质量评价指标的影响。利用极差分析方法，探明沟底纵坡和垄宽为灌水质量的主要影响因素，沟宽和沟深为次要因素。确定沟垄田规格最优参数组合为垄宽 70cm、沟宽 40cm、沟深 20cm 和沟底纵坡 1‰。

(3)探明了不同入沟流量对灌溉水流运动的影响：随着入沟流量的增大，水流推进速度增大的同时，水流消退时间也延长，不同入沟流量的消退历时差异显著；灌水效率和储水效率先增大后减小，灌水均匀度则呈减小趋势。综合考虑水流运动和灌水质量评价指标，确定适宜入沟流量为 1.65L/s，E_d、E_a 和 E_s 分别为 92.94%、93.32%、91.73%。

第四章　宽垄沟灌土壤水分入渗特性研究与数值模拟

第一节　试验与方法

　　试验于 2012 年 3 月~6 月在华北水利水电大学河南省节水农业重点实验室农水试验场进行，试验田土壤物理参数、灌水沟规格与第二章一部分相同。在沿田块长度方向每隔 10m 取一断面，灌水入渗开始后，计时并定时观测土壤湿润过程，观测水流运动规律。灌水结束 24h 后，用取土烘干法测定不同沟垄田规格参数的沟灌土壤含水率分布。

第二节　不同沟垄田规格参数的土壤入渗参数确定

　　1)拟合参数 r 的估算

　　由式(2-8)可知，欲求 k、α，需先求出沟中水流运动公式中的拟合参数 r。沟中水流推进时间和推进距离之间符合幂函数关系，利用最小二乘法对水流推进试验中水流前锋到达各观测点时记录的 n 组数据(x_i、t_i)进行拟合，就可以得到 p 和 r 的值。

　　2)A_0 和 f_0 的计算

　　计算沟首平均过水断面面积 A_0 的方法较多，本章通过试验的方法确定，也就是在灌水水流推进过程中，用测得的沟中水深和沟底宽来表示沟中的水面宽度，即

$$W = W_B + cy^m \tag{4-1}$$

式中，W 为灌水时湿周，m；W_B 为沟底宽，m；c、m 为经验参数，可由灌水沟断面形状参数(沟底宽、上口宽和沟深等)计算得出。

　　对水面宽度在水深上积分就可以得到过水断面面积，整理得到

$$A_0 = W_B y_0 + \frac{cy_0^{m+1}}{m+1} \tag{4-2}$$

　　将计算得出的不同时刻水深 y_0 对应的过水断面面积 A_0 求平均值，可得沟首平均过水断面面积。

　　稳定入渗速率 f_0 的计算，采用 Walker 提出的根据水流流入和流出量求解，即

$$f_0 = \frac{Q_{in} - Q_{out}}{WL} \tag{4-3}$$

式中，Q_{in} 为灌溉水流某时刻的流入量，m³/min；Q_{out} 为灌溉水流某时刻的流出量，由于本章为尾部不排水试验，所以任意时刻的灌溉水流出量均为 0；L 为灌水沟沟长，m。

　　3)土壤入渗参数 k、α 的估算

　　任意取水流推进试验中得到的两组试验数据(t_i、x_i)、(t_j、x_j)，将其代入式(2-8)得

$$\alpha = \frac{\log_{10}(m_j/m_i)}{\log_{10}(t_j/t_i)} \tag{4-4}$$

$$K = \frac{m_j}{\sigma_z t_j^\alpha} \tag{4-5}$$

式中，m_i、m_j计算公式如下：

$$m_i = \frac{Q_0 t_i}{x_i} - \sigma_y A_0 - \frac{f_0 t_i}{1+r} \tag{4-6}$$

$$m_j = \frac{Q_0 t_j}{x_j} - \sigma_y A_0 - \frac{f_0 t_j}{1+r} \tag{4-7}$$

由式(4-6)和式(4-7)可以看出，入沟流量 Q_0 为试验设置的已知量，在计算出模拟参数 r、沟首平均过水断面面积 A_0 和土壤稳定入渗速率 f_0 之后，根据水流推进过程中任意两组对应的推进距离和时间，就可以根据式(4-4)和式(4-5)计算出土壤入渗指数 α 和沟灌土壤入渗参数 k。由于篇幅有限，只列举部分沟垄田规格的土壤入渗参数的计算结果，见表4-1。

表 4-1　不同沟垄田规格参数组合的土壤入渗参数

垄宽/cm	沟宽/cm	沟深/cm	沟底纵坡/‰	k	α
	40	15	1	0.00457	0.3517
	40	20	1	0.00379	0.3543
70	40	25	1	0.00498	0.3608
	50	15	1	0.00589	0.3413
	50	20	1	0.00562	0.3489
	50	20	2	0.00545	0.3538
110	50	25	1	0.00553	0.3423
	60	20	2	0.00638	0.3579

第三节　沟垄田规格参数对累积入渗量

本章在 70cm 和 110cm 两种不同垄宽条件下，对沟宽、沟深和沟底纵坡组合下的沟灌累积入渗量进行数值模拟，分析不同沟垄田规格参数对累积入渗量的影响。累积入渗量符合 Kostiakov 模型的幂函数关系，即

$$Z = kt^\alpha \tag{4-8}$$

式中，Z 为单位面积累计入渗量，mm；k、α 为入渗参数。

一、沟宽对累积入渗量的影响

为研究累积入渗量与沟宽的关系，进行了垄宽为 70cm、110cm，相同沟底纵坡和沟深条件下，不同沟宽对累积入渗量影响的试验，累积入渗量曲线见图4-1。可以看出，沟宽对累积入渗量影响明显，随着沟宽的增加，累积入渗量增大。这是因为灌水沟的沟宽增大，

水力湿周增加。聂卫波试验证明，累积入渗量和湿周呈明显的正相关关系，相关系数在 0.95 以上。所以沟宽增大时，沟表面入渗面积明显增大，累积入渗量也明显增大。

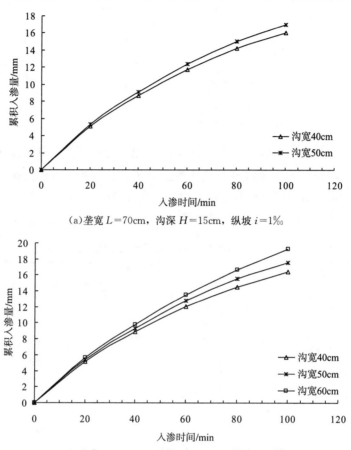

(a)垄宽 $L=70$cm，沟深 $H=15$cm，纵坡 $i=1‰$

(b)垄宽 $L=110$cm，沟深 $H=15$cm，纵坡 $i=1‰$

图 4-1　不同沟宽的累积入渗曲线

分析表明，不同沟宽的沟灌田面水流累积入渗量与入渗时间符合幂函数关系式(4-8)，沟宽 40cm、50cm 和 60cm 的拟合见表 4-2。

表 4-2　不同沟宽水流累积入渗量与入渗时间关系式相关系数

相关系数 沟宽/cm	垄宽 70cm			垄宽 110cm		
	k	α	R^2	k	α	R^2
40	0.3236	0.8754	0.9996	0.3287	0.8771	0.9996
50	0.3352	0.8794	0.9997	0.3422	0.8817	0.9997
60	—	—	—	0.3576	0.8867	0.9998

二、沟深对累积入渗量的影响

选取相同的沟宽 50cm、沟底纵坡 1‰，两种垄宽(L 分别为 70cm 和 110cm)情况下，研究不同沟深对累积入渗量的影响，累积入渗过程见图 4-2。由图可知，沟深对累积入渗量影响显著，且随着沟深的增加，累积入渗量显著减小。这是两种原因相互作用造成的：其一是本章试验的灌水沟的沟宽为固定值 20cm，在沟宽取为定值时，随着沟深的增大，边坡比逐渐减小，沟断面的湿周也逐渐减小，导致入渗面积也减小，使得累积入渗量随之减小；其二是沟深的增加会导致水深的增加，沟中水流重力势增大，使得累积入渗量稍有增大。但是两个相反的趋势中显然湿周对入渗量的影响较大，所以随着沟深的增加，累积入渗量反而减小。

分析表明，不同沟宽的沟灌田面水流累积入渗量与入渗时间符合幂函数关系式(4-8)，沟深 15cm、20cm 和 25cm 的拟合见表 4-3。

表 4-3　不同沟宽水流累积入渗量与入渗时间关系式相关系数

沟深/cm	相关系数	垄宽 70cm			垄宽 110cm		
		k	α	R^2	k	α	R^2
15		0.3236	0.8754	0.9996	0.3422	0.8817	0.9997
20		0.3039	0.8684	0.9995	0.3202	0.8743	0.9996
25		0.2941	0.8647	0.9995	0.3082	0.8700	0.9996

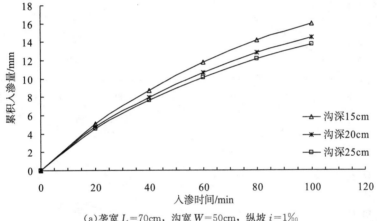

(a)垄宽 $L=70$cm，沟宽 $W=50$cm，纵坡 $i=1$‰

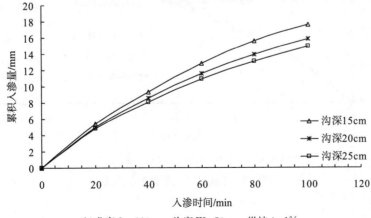

(b)垄宽 $L=110$cm，沟宽 $W=50$cm，纵坡 $i=1$‰

图 4-2　不同沟深的累积入渗曲线

三、沟底纵坡对累积入渗量的影响

图 4-3 为 70cm 和 110cm 两种垄宽型号、沟宽和沟深均相同（沟宽 50cm，沟深 20cm）的情况下，不同纵坡对累积入渗量的影响曲线。由图可知，尽管沟底纵坡对累积入渗量影响微小，但随着纵坡的增加，累积入渗量逐渐减小。这是因为纵坡对湿周的影响甚微。土壤入渗主要受重力势和基质势作用，灌水初期，基质势起主要作用，所以开始入渗量差异较小。

对图 4-3 进行回归拟合，可见不同沟宽的沟灌田面水流累积入渗量与入渗时间符合幂函数关系式（4-8），沟底纵坡 1‰、2‰和 3‰的拟合见表 4-4。

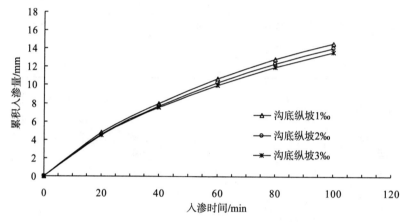

(a)垄宽 L＝70cm，沟宽 W＝50cm，沟深 H＝20cm

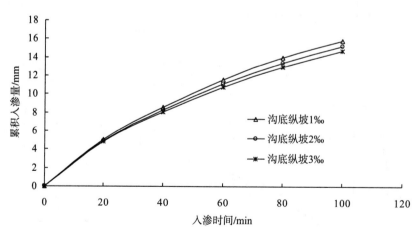

(b)垄宽 L＝110cm，沟宽 W＝50cm，沟深 H＝20cm

图 4-3　不同纵坡的累积入渗曲线

表 4-4　不同沟底纵坡水流累积入渗量与入渗时间关系式相关系数

相关系数 沟底纵坡	垄宽 70cm			垄宽 110cm		
	k	α	R^2	k	α	R^2
1‰	0.3039	0.8684	0.9995	0.3202	0.8743	0.9996
2‰	0.2959	0.8655	0.9996	0.3124	0.8715	0.9996
3‰	0.2905	0.8635	0.9995	0.3061	0.8692	0.9996

四、垄宽对累积入渗量的影响

图 4-4 为沟宽、沟深和沟底纵坡均相同（沟宽 50cm，沟深 20cm，沟底纵坡 2‰）的情况下，不同垄宽对累积入渗量的影响曲线。由图可以看出，其他参数相同时，垄宽对累积入渗量有一定影响，且随着垄宽的增加，入渗量增大。这是因为水分主要依靠基质势和重力势作用在土壤中运动，在其他垄沟规格都相同时，重力势也相同，所以垄宽的影响主要来自基质势。当垄宽较宽时，土壤干燥程度更强，基质势相对较大，因此入渗量也就较多。而且灌水后期，土壤湿润锋交汇形成零通量面，会减少水量入渗，而且时间越早，入渗量减慢越快。

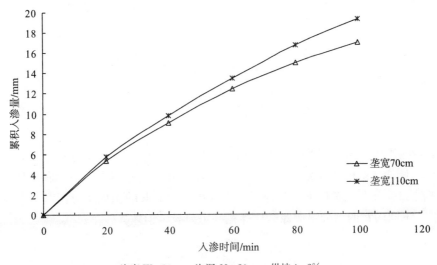

沟宽 $W=50$cm，沟深 $H=20$cm，纵坡 $i=2$‰

图 4-4　不同垄宽的累积入渗曲线

分析表明，不同沟宽的沟灌田面水流累积入渗量与入渗时间符合幂函数关系式(4-8)，垄宽为 70cm 和 110cm 的拟合见表 4-5。

表 4-5　不同沟底纵坡水流累积入渗量与入渗时间关系式相关系数

相关系数 垄宽/cm	k	α	R^2
70	0.2959	0.8655	0.9996
110	0.3124	0.8715	0.9996

第四节　沟垄田规格参数对土壤湿润锋运移的影响

本节采用大田试验的方法来研究沟灌湿润锋运移特性。灌水前分沟底、边坡和垄中测定土壤初始含水率，并于灌后测定含水率。根据 1m 深度内，灌水前后土壤含水率的变化，推测出水分运移距离，选取灌后 24h 土壤水分分布情况和湿润锋运移距离进行研究。在分析数据时，以垄面与沟底中心延长线的交点为中心原点(图 4-5)，沟底和边坡的运移距离都是各测点实测湿润深度到垄表面的距离，从而可以更真实地反映水分在土壤中的运移特性。

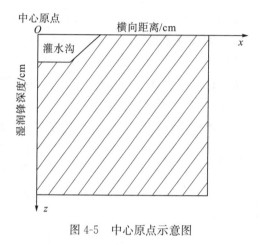

图 4-5　中心原点示意图

一、沟宽对湿润锋运移距离的影响

图 4-6 分别为 70cm 和 110cm 两种垄宽，纵坡 i 均为 1‰，沟深分别为 20cm 和 15cm 的情况下，不同沟宽 W 的湿润锋运移曲线。由图可知，沟宽对湿润锋运移的影响并不显著，尤其在 110cm 垄宽条件下，三种不同沟宽在灌后 24h 的土壤水分湿润锋几乎在同一条曲线上。不同沟宽的水分湿润锋运移存在一定差异，但差异较小。

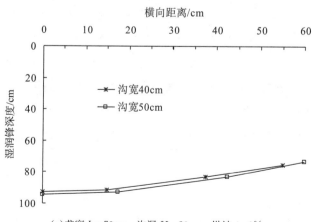

(a)垄宽 $L=70$cm，沟深 $H=20$cm，纵坡 $i=1$‰

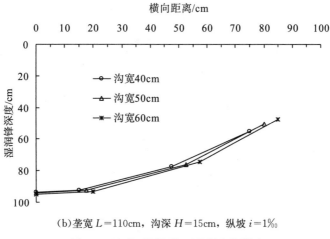

（b）垄宽 $L=110$cm，沟深 $H=15$cm，纵坡 $i=1‰$

图 4-6　沟宽对湿润锋运移距离的影响

可以看出，在垄宽为 70cm 时，随着沟宽的增大，沟底部分湿润锋运移深度逐渐增大。在垄埂中间位置即水分入渗的交汇面，随着沟宽增加，入渗深度越来越大，这是因为水分在土壤中运动主要靠土壤水势梯度作用，沟宽增加时，土壤干燥程度增加，水势梯度增大，入渗水分在水势梯度的作用下入渗到了垄埂中，所以深层渗漏就相对增大，降低了灌水效率。但是，在 110cm 垄宽时，由于垄宽较大，当沟宽为 40cm 时，水流交汇处的入渗水量较少，反而使作物根层有效储水量减少。

二、沟深对湿润锋运移距离的影响

图 4-7 为 70cm 和 110cm 两种垄宽，纵坡 i 均为 1‰，沟宽分别为 40cm 和 50cm 情况下不同沟深的湿润锋运移曲线。

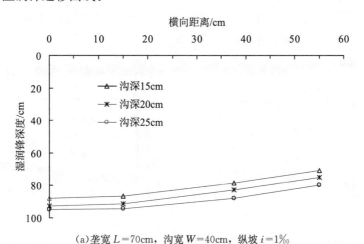

（a）垄宽 $L=70$cm，沟宽 $W=40$cm，纵坡 $i=1‰$

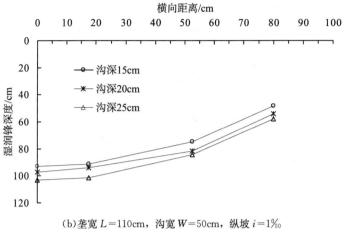

(b)垄宽 $L=110$cm，沟宽 $W=50$cm，纵坡 $i=1$‰

图 4-7　沟深对湿润锋运移距离的影响

由图可知，沟深对湿润锋运移影响明显。当垄宽为 70cm 时，随着沟深的减小，沟底部分水分垂向入渗深度逐渐减小，并且湿润锋越趋平缓，深层渗漏量越低，越多水分存储在作物根层深度土壤中，水分利用效率越大。这是因为在沟宽一定的情况下，沟深越小，水力湿周越大，在水吸力的作用下，边坡附近的水分更易入渗进垄埂中存储在作物根层，这就使得容易造成深层渗漏的水分入渗面积减少，侧渗量增加，进而使入渗深度降低。因此，沟深越小，湿润锋曲线越趋平缓，水分利用效率越高。垄宽为 110cm 时，湿润锋变化规律和 70cm 垄宽的基本一致。

三、沟底纵坡对湿润锋运移距离的影响

图 4-8 为垄宽 70cm、沟宽为 40cm、沟深为 20cm 的情况下，不同沟底纵坡的灌水沟在沟首和沟尾两个断面的湿润锋运移曲线。可以看出，纵坡对沟中横断面湿润锋运移影响较小，但对向沟长方向湿润锋深度影响较大。

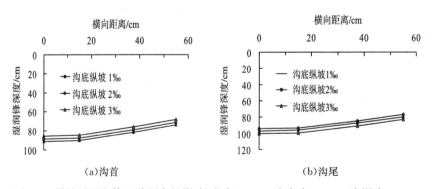

(a)沟首　　　　　　　　　　(b)沟尾

图 4-8　纵坡对湿润锋运移距离的影响(垄宽 70cm、沟宽为 40cm、沟深为 20cm)

在沟首部分，随着纵坡的增大，水分入渗深度依次减小，但湿润锋曲线比较接近，沟底面的垂直入渗深度均保持在 85～95cm，入渗交汇面差距也不大，均在 10cm 范围内，未发生深层渗漏，水分利用效率较高。在沟尾部分，随着纵坡的增大，水分入渗深度依

次增大，而且沟底面部分的垂直入渗深度随着纵坡的增大而明显增大。虽然交汇面处入渗深度也有所增加，但是沟中水分入渗比重较大，深层渗漏严重。这种情况是由于纵坡增大时，灌水沟中的水大部分集中在灌水沟的下游，致使沟尾大量水分聚集。

　　图4-9为110cm垄宽时，沟宽为50cm、沟深为20cm的情况下，不同沟底纵坡的灌水沟在沟首和沟尾两个部分的湿润锋运移曲线。由图可以看出，在沟首部分，水分入渗深度随着纵坡的增加而减少。在沟尾处入渗深度过大，造成严重深层渗漏。这种现象是由于纵坡增大时沟首水量较少，而在沟尾处，水分大量聚集，水分在垄埂入渗距离达到一定值后，土壤水势梯度减弱，入渗速率减小，沟中水分在重力势的作用下大部分渗透到灌水沟以下土壤中，造成严重深层渗漏。

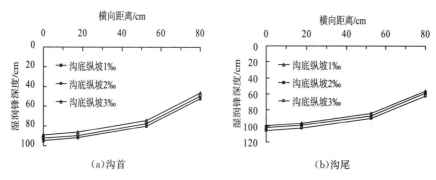

图4-9　纵坡对湿润锋运移距离的影响（垄宽110cm、沟宽为50cm、沟深为20cm）

　　由以上分析可知，沟底纵坡对土壤水分的分配影响显著，对于小麦、玉米宽垄种植模式尤其重要，因为该模式的沟垄规格都比常规种植模式大，所以沟垄田规格参数选择合适的纵坡是沟垄田规格参数研究的重要问题。

四、垄宽对湿润锋运移距离的影响

　　在沟底纵坡 i 为1‰的情况下，分别选取了沟宽40cm、沟深15cm和沟宽50cm、沟深20cm两种情况进行研究。不同垄宽对土壤水分湿润锋运移的影响试验结果见图4-10。

　　可以看出，两种情况下的不同垄宽对土壤水分湿润锋的影响趋势相同。与70cm垄宽相比，110cm垄面更为宽大，湿润锋运移锋面范围更广。主要是因为在相同灌水定额和沟宽的情况下，纵向沟面控制的垄面越宽，沟中灌溉水量就越大，在重力势的作用下，更容易发生垂向入渗。与此同时，110cm垄宽比70cm垄宽有更大的水势梯度，在其作用下，水分更容易侧渗到垄埂内。在重力势和水吸力的共同作用下，垂向入渗和水平入渗同时发生，但重力势占了主导作用。从垄沟横向剖面来看，垄面宽度越大，垂向入渗的深度越不均一。在110cm垄宽条件下垄中垂向入渗明显小于灌水沟中心线的深度，导致灌水均匀性较差，不利于垄中的作物正常生长。

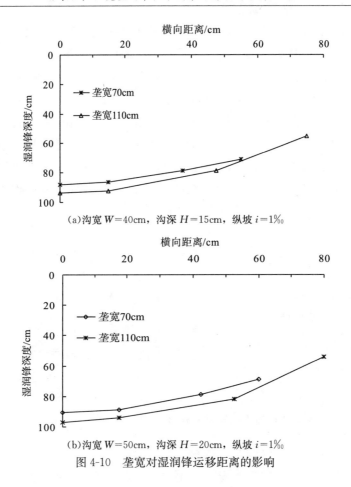

（a）沟宽 $W=40cm$，沟深 $H=15cm$，纵坡 $i=1‰$

（b）沟宽 $W=50cm$，沟深 $H=20cm$，纵坡 $i=1‰$

图 4-10　垄宽对湿润锋运移距离的影响

第五节　宽垄沟灌土壤水分入渗的数值模拟

图 4-11 为宽垄沟灌入渗断面示意图。小麦、玉米宽垄沟灌的水分入渗受到重力势和毛管吸力两方面的作用，属于二维入渗。由于沟中水深不断变化，水力湿周也在随时改变，导致不同时刻的土壤水势梯度发生变化，入渗情况较为复杂。本节采用 Hydrus-2D 模型对小麦、玉米宽垄沟灌进行数值模拟研究，入渗断面示意图见图 4-11，其中①、②、③分别是宽垄沟灌试验中沟、坡、垄的观测顶点。

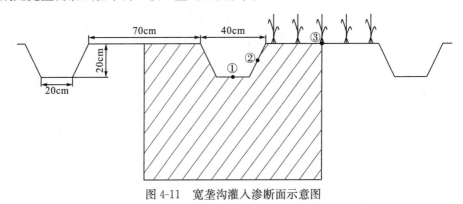

图 4-11　宽垄沟灌入渗断面示意图

一、沟灌入渗模型的建立

假设土壤为各向均一介质，且不考虑土壤内的空气阻力、蒸发及温度的影响，根据达西定律和质量守恒，土壤二维非饱和入渗符合土壤水分扩散方程：

$$C(h)\frac{\partial h}{\partial t} = \frac{\partial}{\partial x}\Big[K(h)\frac{\partial h}{\partial x}\Big] + \frac{\partial}{\partial z}\Big[K(h)\Big(\frac{\partial h}{\partial z} - 1\Big)\Big] \tag{4-9}$$

式中，$C(h)$ 为比水容重，cm^{-1}；h 为负压水头，cm；t 为入渗时间，min；x、z 为平面坐标，规定 z 向下为正；$K(h)$ 为非饱和导水率，cm/min。

二、定解条件

(1)初始条件：

$$h(x,z,t) = h_0, \ 0 \leqslant x \leqslant X; 0 \leqslant z \leqslant Z; t = 0 \tag{4-10}$$

式中，h_0 为土壤初始压力水头；X、Z 为模拟计算区域最大横向和垂向距离，cm。

(2)边界条件。

沟灌二维入渗模型如图 4-12 所示，沟断面为梯形对称断面，故计算断面可简化为阴影区域。假设计算区域内土壤初始含水量均匀一致，其值为 θ_0。计算域左右两个竖直边界 AG 和 EF 以及下边界 FG 满足的水平通量为零；沟中浸水部分 AB 和 BC 的边界满足饱和含水量 θ_s 的条件。灌水结束后，沟中水分进入消退阶段，沟周浸水边界逐渐消失，除边界 AB 和 BC 的饱和含水量 θ_s 不再适合外，其他边界条件不变。不同时段不同区域边界条件的定解条件为

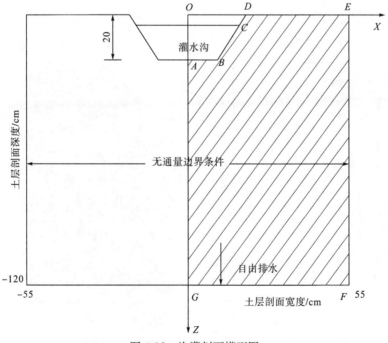

图 4-12　沟灌剖面模型图

$$h(x,z,t) = h(t), \qquad 0 \leqslant t \leqslant t_{\text{rec}} \quad AB \text{ 和 } BC \text{ 边}$$

$$q \mid N = 0, \qquad 0 \leqslant t \qquad CD \text{ 边}$$

$$K(h)\left(\frac{\partial h}{\partial z} - 1\right) = 0, \qquad 0 \leqslant t \qquad DE \text{ 边} \tag{4-11}$$

$$\frac{\partial h}{\partial x} = 0, \qquad 0 \leqslant t \qquad EF \text{、} FG \text{ 和 } AG \text{ 边}$$

式中，q 为土壤水通量；N 为土壤层数。

三、非饱和土壤水力特性

采用 VG 模型表示：

$$S_e = \frac{\theta - \theta_r}{\theta_s - \theta_r} = \left[1 + (\alpha h)^n\right]^{-m} \tag{4-12}$$

式中，S_e 为相对饱和度；h 为土壤基质势；n、m 为拟合常数，且 $m = 1 - 1/n$；α 为与土壤特性有关的参数；θ、θ_s、θ_r 分别为土壤含水率、饱和含水率、残余含水率。

四、模型验证

（一）试验布置与参数计算

试验土壤采用粉砂壤土，土壤容重为 1.35g/cm³，土壤饱和体积含水率为 40.5%，残余体积含水率为 6.5%，计算中采用土壤初始含水率为 18%（均为体积比）。如图 4-13 所示，传感器探头分别埋设于沟中、边坡、垄中，各埋设五个探头。以梯形沟断面的1/2 断面为计算区域，即 $A - B - C - D - E - F - G - A$ 的封闭区域，剖面中划分为 2203 个单元，见图 4-14，单元节点的初始含水率由灌水前土壤初始含水率决定。

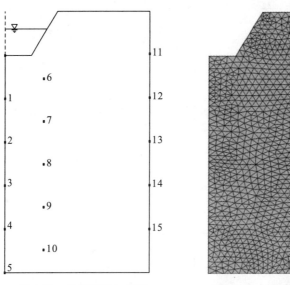

图 4-13　传感器探头布置　　　　图 4-14　计算区域单元网格

（二）Hydrus 模拟

分别选取优化灌溉模型四个时段（分别为灌后 1h、6h、12h、24h）的土壤水分湿润锋运移进行模拟与验证，具体见图 4-15。

从图 4-15 中可以看出，湿润锋运移曲线的模拟值与实测值总体趋势相同，具有良好的吻合性。不过宽垄沟灌条件下水流湿润锋运移模拟值和实测值依然存在一定差别：从湿润锋的轮廓线来看，模拟值线条较为光滑，而实际观测的入渗情况则是不规则曲线。

湿润锋推进曲线在灌后 1h 和 6h 的模拟值与实测值差别较大，随着时间的推移，两者差别逐渐变小；在灌后的前三个观测时段（1h、6h、12h）实测的湿润锋运移范围均大于模拟值，但在灌后 24h，垄中湿润锋运移深度的实测值则低于模拟值。这主要是由于模拟过程中，忽略了土壤中的空气阻力、土壤温度等因素，并且实际试验过程中，土壤无法达到各向均一，水分运移必然受到不同程度的影响，进而造成模拟值与实测值的差异。

灌水后实测和模拟的各时刻（灌后 1h、6h、12h、24h）沟、坡、垄不同深度的含水率，见图 4-16～图 4-19。

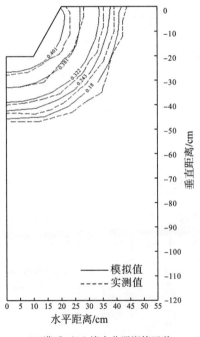

（a）灌后 1h 土壤水分湿润锋运移

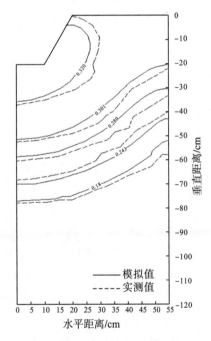

（b）灌后 6h 土壤水分湿润锋运移

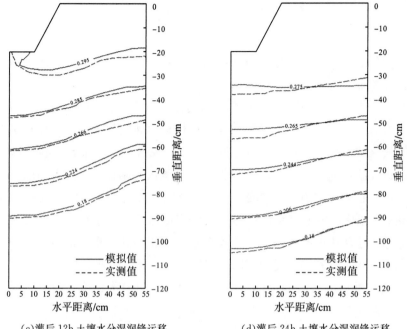

(c)灌后 12h 土壤水分湿润锋运移　　　　(d)灌后 24h 土壤水分湿润锋运移

图 4-15　灌后不同时刻土壤水分湿润锋运移对比

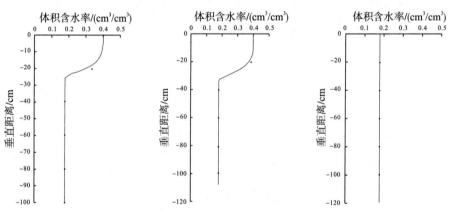

图 4-16　灌水开始后 1h 沟、坡、垄土壤含水率的模拟值与实测值

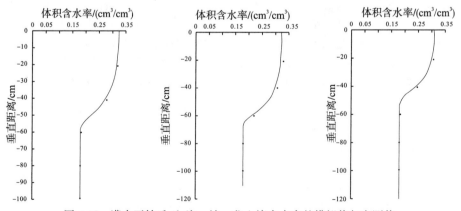

图 4-17　灌水开始后 6h 沟、坡、垄土壤含水率的模拟值与实测值

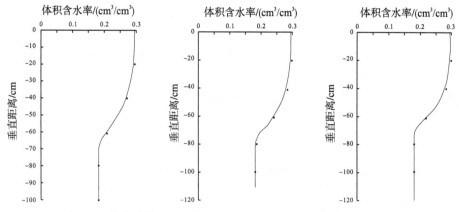

图 4-18　灌水开始后 12h 沟、坡、垄土壤含水率的模拟值与实测值

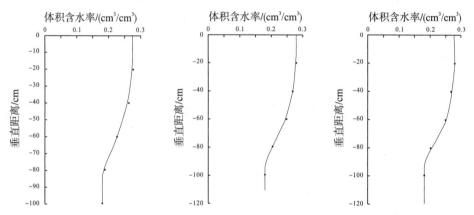

图 4-19　灌水开始后 24h 沟、坡、垄土壤含水率的模拟值与实测值

从图 4-16～图 4-19 可以看出，各时段土壤含水率的模拟值与实测值存在不同程度的差异：灌水沟中的差异最为明显，边坡次之；灌后初期差异较大，后期差异较小。各时刻不同深度的含水率，除灌后 1h，水分入渗未达到垄中，模拟与实测的数据完全一致外，其他时刻模拟值与实测值均有出入，在前三个时段，各土层实测值的土壤含水率均高于模拟值，但在灌后 24h，垄中土壤含水率的实测值更低。这主要是由于灌水沟中土壤水分在水流消退结束之前，主要受重力势的作用，造成实际入渗情况比理想状态下的模拟值更为复杂，同时，灌水初期，所有灌溉水量均存储于灌水沟中，沟中土壤水分在重力势的作用下，垂向运移更加明显，随着时间的推移，沟中水深逐渐消退完毕，土壤水分进入再分布阶段，土壤水分的模拟值与实测值逐渐趋于一致。

第六节　主 要 结 论

本章对宽垄沟灌条件下累积入渗量、土壤湿润体水分分布进行观测，分析了不同沟垄田规格参数对二者的影响，并进行了数值模拟验证，得出结论如下。

（1）探明了宽垄沟灌条件下不同沟垄田规格参数对累积入渗量的影响规律：随着沟宽、垄宽的增大，累积入渗量增大，而沟深、沟底纵坡则与累积入渗量呈负相关关系。

各沟垄田规格参数中，垄宽为主要影响因素，沟宽次之。

（2）揭示了沟宽、沟深、沟底纵坡、垄宽四种沟垄田规格参数下，宽垄沟灌模式的土壤水分分布变化规律：随着沟宽、沟深、垄宽的增大，沟底部分和垄埂中间的水面交汇处的垂向入渗深度均有不同程度的增大，土体湿润范围更大，110cm 垄宽的土壤水分湿润锋轮廓线的深度差异更大，同一横截面的入渗均匀性较差；随着沟底纵坡的增大，沟首部分土壤水分垂向和横向湿润逐渐减小，沟尾则与沟首入渗情况相反，且容易发生深层渗漏。沟底纵坡为影响土壤湿润体分布情况的主要因素，沟深和垄宽次之。

（3）采用 Hydrus-2D 土壤水分运动模型对宽垄沟灌条件下的土壤水分入渗过程进行了数值模拟研究，确定了 Hydrus-2D 模型在宽垄沟灌土壤水分运移的适用性。无论湿润锋轮廓线还是不同深度的土壤含水率，模拟值与实测值均具有良好的一致性，尤其在灌后 24h，两者更为吻合。在缺少试验场地或试验时间的情况下，可以用 Hydrus-2D 模拟小麦、玉米宽垄沟灌条件下的土壤水分运动规律，对试验结果进行补充和验证。

第五章　宽垄沟灌小麦、玉米根层土壤水分动态研究

第一节　试验与方法

冬小麦和夏玉米生育期内的计划湿润层深度为 1m。小麦、玉米宽垄沟灌模式和冬小麦、夏玉米传统灌溉种植模式均设置三种水分处理（水分控制下限分别为田间持水量的 60％、70％、80％），下文中 CFI-L-60 表示常规灌溉水分控制下限为 60％的田间持水量，CFI-L-70 表示常规灌溉水分控制下限为 70％的田间持水量，CFI-L-80 表示常规灌溉水分控制下限为 80％的田间持水量，IFI-L-60 表示宽垄沟灌水分控制下限为 60％的田间持水量，IFI-L-70 表示宽垄沟灌水分控制下限为 70％的田间持水量，IFI-L-80 表示宽垄沟灌水分控制下限为 80％的田间持水量，每个处理三个重复，当土壤水分低于相应水分控制下限时，即进行灌溉。在冬小麦生育期间，生育前期测墒周期为 10d，生育中后期测墒周期为 5d，平作冬小麦测墒在麦田畦块中某一点进行，每次测墒点距离不小于 0.5m，宽垄沟灌冬小麦分别测定沟、坡、垄的土壤含水率，取三者平均值；在夏玉米生育期间，测墒周期为 5d，夏玉米常规沟灌模式在垄、沟各取一个观测点，土壤水分取两者均值，宽垄种植沟灌夏玉米分别选取沟、坡、垄作为观测点，土壤含水率取三者平均值。

第二节　垄作小麦、玉米计划湿润层土壤水分动态

冬小麦和夏玉米生育期内的计划湿润层（层深 1m）的土壤水分变化主要受到灌溉、降雨和作物蒸腾蒸发量的影响，本章结合 2012 年 10 月～2013 年 9 月冬小麦、夏玉米生育期内土壤墒情观测结果，以两种作物的传统灌溉种植模式为对照，研究小麦、玉米宽垄沟灌模式 1m 层深内的土壤水分动态变化，两种灌溉种植模式不同水分处理（水分控制下限分别为田间持水量的 60％、70％、80％）的水分变化情况见图 5-1。考虑以水分控制下限为基准的不同种植模式和水分处理的灌溉时间不一致，因此，本节六个处理 1m 层深的土壤含水率变化未显示灌水和降雨。

从图 5-1 中可以看出，三种水分处理条件下，无论小麦、玉米宽垄沟灌模式，还是常规灌溉种植模式，计划湿润层的土壤水变化存在共同的变化规律：小麦生育期内土壤水分波动频率相对较小，夏玉米生育期间的土壤含水率则变动极为频繁；同时，相同水分处理条件下，夏玉米土壤含水率的最大值与最小值的差值更大，最高达到 57.45％，而冬小麦的最大、最小值之差仅为 33.62％。冬小麦播种初期，耗水量取决于土面蒸发强度，该阶段气温较低，耗水量较小，土壤含水率呈缓慢下降趋势，当下降至设计水分

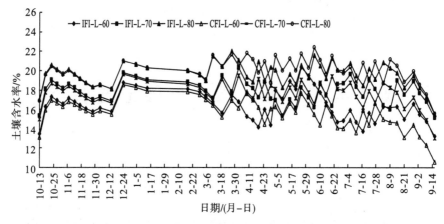

图 5-1 冬小麦、夏玉米生育期内计划湿润层土壤水分动态变化

下限即灌水时，会导致土壤含水率迅速上升；出苗之后，尽管作物蒸腾也加入了耗水行列，但随着气温的持续下降，蒸腾蒸发量继续减小，土壤含水率下降趋势更为缓慢；进入越冬期，六种处理都灌了相同灌水定额的越冬水，土壤含水率迅速上升，但此时冬小麦生长停滞，土壤表面处于冻结的临界状态，使得冬小麦的腾发量降到全生育期最低；返青开始后，随着气温的回升，植株生长加快，三种水分处理的日耗水量逐渐增加，土壤含水率的波动频率加大，并且在抽穗－灌浆期间达到了波动频率的最大值，尽管该期间存在降雨，但是依然需要灌水，以满足设计土壤水分控制下限的需要，不过当冬小麦进入成熟期之后，土壤含水率的变化幅度又有所减弱。夏玉米生育期内，处于北方地区全年雨量最多时期，也是全年气温最高时期，玉米播种－出苗仅需一个星期左右，无论夏玉米的蒸腾量还是棵间土面蒸发量都较大，即使在其生育初期，土壤含水率的变化幅度已经与冬小麦土壤含水率的最大波动期相当，随着夏玉米的快速发育，计划湿润层土壤含水率也迅速变化，在抽雄－灌浆期间变动幅度及频率达到了冬小麦、夏玉米生育周年内的最大；试验研究的夏玉米生育后期未降雨，各种水分处理在夏玉米收获时，计划湿润层内土壤含水率均呈下降趋势。

进一步分析图 5-1 发现，随着设计土壤水分控制下限的提高，小麦、玉米生育周年内的土壤含水率的波动频率加快，这主要是由于土壤水分控制下限越高，土壤表层越湿润，相较于低的水分处理，表层土壤的土面蒸发更大，同时由于根层土壤水分供应充足，作物的蒸腾量也随着加大，两个过程最终导致作物耗水量增加，体现在土壤水分变化上，即为计划湿润层内的土壤含水率的波动频率更大。

第三节 垄作小麦、玉米土壤水分动态
与灌溉、降水量相关性分析

前面已经分析了小麦、玉米宽垄沟灌和常规灌溉种植模式作物生育周期内的计划湿润层土壤含水率变化规律，但由于各处理的灌水时间不一致，无法在图 5-1 中同时标注灌溉量，也就无法分析灌溉和降水对土壤水分动态的影响，为此本节选择 70％田间持水

量的水分处理为研究对象，以常规灌溉的灌溉和降水组合下的土壤水分变化为例，分析灌溉和降雨对小麦、玉米宽垄沟灌模式下土壤含水率动态变化的影响，试验结果见图 5-2 和图 5-3，图中竖线代表灌溉量和降水量之和。本次试验年内枯水年，为此进行了多次灌溉来满足作物的正常发育。

从图 5-2 和图 5-3 可以看出，无论冬小麦和夏玉米的常规灌溉模式，还是宽垄沟灌模式，每一次的灌溉过程，作物根层土壤含水率都会迅速增加，出现波峰，但并不是每一次的独立降雨都会使土壤含水率出现波峰，例如，2013 年 7 月 17 日和 9 月 9 日的两次降雨过程，降水量分别为 11.4mm 和 8.6mm，但是两种灌溉模式夏玉米的土壤含水率均出现了下降的过程，小麦、玉米宽垄沟灌模式的土壤含水率在 7 月 17 日甚至达到了土壤含水率的极小值，这说明当降水量小于两次测墒期间的作物蒸发蒸腾量时，即使降雨也会出现土壤含水率下降的情况。进一步分析发现，在冬小麦、夏玉米生育周期内，宽垄沟灌模式的小麦的灌水次数为 5 次，玉米的灌水次数为 5 次，共计 10 次，而常规灌溉模式的小麦的灌水次数为 6 次，玉米的灌水次数为 5 次，共计 11 次。可知，两种作物生育期内，常规灌溉模式的灌水增加 45mm，同时，在小麦播种前两种灌溉模式的土壤含水率则相差不大，而在夏玉米收获后周年两作沟灌模式的土壤含水率较常规模式提高 2.06%。

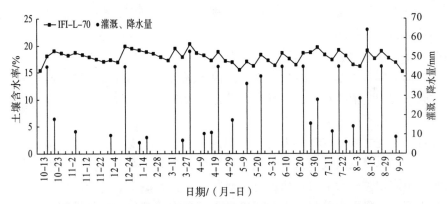

图 5-2　灌溉和降雨对小麦、玉米宽垄沟灌土壤水分变化的影响

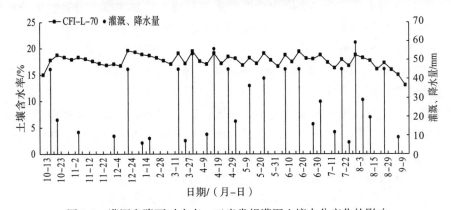

图 5-3　灌溉和降雨对小麦、玉米常规灌溉土壤水分变化的影响

第四节　垄作沟灌小麦、玉米不同深度土壤水分动态

冬小麦和夏玉米不同生育阶段根系活动层的活动范围是不同的，一般情况下，冬小麦在生育前期的根系活动范围主要在 0～40cm，生育中后期根系活动范围主要是在 0～80cm，而夏玉米在生育初期的根系主要在 0～40cm 范围内活动，生育中后期主要是在 0～100cm 范围内活动，为了更加精确地分析小麦、玉米宽垄沟灌模式的蒸发蒸腾特性，本节以水分控制下限为 70％田间持水量的水分处理为例，将试验田内表面垂直向下 100cm 内的土壤水分剖面分为五层进行研究。

一、小麦、玉米宽垄沟灌 0～20cm 土壤水分动态

图 5-4 为小麦、玉米宽垄沟灌模式和常规灌溉模式条件下 0～20cm 土层内土壤含水率的变化。由图 5-4 可知，在小麦、玉米生育期内，两种灌溉模式的土壤含水率不但波动频率大，波动幅度也较大，与土壤质量含水率的最低值相比，同一灌溉模式土壤含水率的最大值较其高出 64.42％～104.83％，可见其该层土壤含水率波动幅度之大。主要是由于 0～20cm 范围的土壤位于地表，受作物棵间蒸发、降雨、灌溉的影响较为显著，即使在土面蒸发不是很强的时候，也会导致表层土壤含水率大幅减小，同时，当发生降雨或灌溉时，土壤水分也会随着迅速增大。对比小麦、玉米宽垄沟灌模式和常规灌溉模式作物生育期内土壤含水率动态变化发现，除因灌溉时间不同导致两种灌溉模式部分同一时间土壤含水率测定值存在较大差异外，其余时段两种灌溉模式该层土壤水分动态变化趋势相近，可知两种模式的作物生育阶段相差不大，不过仔细观察两条曲线还是能够发现一些相近但不同之处：在冬小麦全生育期内，相较于小麦、玉米宽垄沟灌模式，灌水或降雨后传统平作灌溉模式的该层土壤含水率增幅更大；在冬小麦越冬期以前，传统平作土壤水分下降相对较为平缓，而在返青期开始一直到冬小麦生育末期，平作灌溉模式的土壤含水率则下降更为陡峭；而在夏玉米生育期内，相较于常规灌溉模式，小麦、玉米宽垄沟灌模式的土壤含水率在降雨或灌溉后增幅更大，且土壤水分含量保持在较高的状态、土壤含水率下降更趋平缓。分析原因可知，小麦传统平作灌溉模式下，水面入渗更加均匀，蒸发量相对较小，灌溉或降雨后，大量水分都吸附在土壤表层，进而导致 0～20cm 内土壤含水量较多，表现在土壤含水率上即为每次降雨或灌溉后，土壤含水率增幅更大；在小麦生育初期，作物耗水以棵间蒸发为主，平作冬小麦的地表裸露面小，削弱了棵间土壤水分蒸发，田间耗水量减小，导致其在该层土壤水分下降相对较为缓慢，然而在返青开始后，作物迅速生长，地表覆盖面加大，植株蒸腾转而成为作物农田耗水的主导因素，此时由于平作受水后表层土壤水分含量更多，有利于促进冬小麦发育壮大，进而加大了植株蒸腾所消耗的水量，导致传统平作灌溉模式在冬小麦生育中后期的土壤水分下降更为迅速。对于夏玉米的生育过程，小麦、玉米宽垄沟灌作为一种新型的宽垄种植玉米的模式，与传统垄作种植夏玉米相比，其垄沟与空气接触表面相对减小，削弱了地表土壤水分蒸发，促使地表土层保水性更好。在夏玉米生育季节，即使是夏玉米抽

雄－灌浆的生育最旺盛时期，依然存在较大的土面蒸发，减少作物棵间蒸发显得尤为重要，此时小麦、玉米宽垄沟灌模式的保水性优势得以体现，尽管该模式下的植株蒸腾由于表层土壤水分充足而有所加大，但由于棵间蒸发大大减小，导致最终作物耗水量小于传统垄作种植模式夏玉米的耗水量，表现在土壤水分变化上，即为小麦、玉米宽垄沟灌模式夏玉米受水后，土壤水分上升更为迅速，而耗水过程则相对较为迟缓。

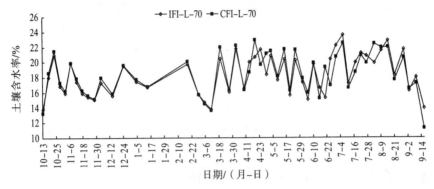

图 5-4　小麦、玉米宽垄沟灌模式对 0～20cm 土层土壤水分变化的影响

二、小麦、玉米宽垄沟灌 20～40cm 土壤水分动态

图 5-5 为小麦、玉米宽垄沟灌模式和常规灌溉模式条件下 20～40cm 土层内土壤含水率的变化。由图 5-5 可知，在小麦、玉米生育期内，与 0～20cm 层深的土壤水分相比，两种灌溉模式的土壤含水率波动幅度相对减弱，冬小麦播种前的土壤含水率和夏玉米收获后的土壤含水率均有所增加，土壤质量含水率的最高值较同一灌溉模式土壤含水率的最低值高出 44.78%～76.43%。主要是由于该层土壤埋深相对较大，降雨、灌溉或土面蒸发等外界因素对该层土壤水分影响相对较小，当降雨较小时，该层的土壤水分增幅不大。同时发现，夏玉米生育期的土壤水分动态变化较冬小麦生育期内的土壤水分变化剧烈，分析原因可知，尽管夏玉米的生长时长小于冬小麦，但是夏玉米植株较高、叶表面更大，植株蒸腾更为显著，同一时间内所消耗的水分更多，造成土壤水分下降更为剧烈。对比小麦、玉米宽垄沟灌模式和常规灌溉模式冬小麦和夏玉米生育期内土壤含水率动态变化发现，两种灌溉方式的土壤水分动态变化趋势相同，在冬小麦越冬期间土壤含水率变化最为微弱，而在夏玉米抽雄－灌浆期间土壤水分变化最为剧烈。不过仔细观察两条曲线依然能够看出该层土壤水分有自己的变化特点，主要出现在冬小麦拔节期以后到其成熟和夏玉米全生育期内。冬小麦进入拔节期以后，传统平作灌溉模式的土壤含水率在增大或减小过程中，与小麦、玉米宽垄沟灌模式的大小差异逐渐明朗，尤其是在抽穗－灌浆期间，传统平作冬小麦的耗水量明显增大，即使在有中等雨量的情况下，也需要进行补充性灌溉，导致土壤含水率波动频率增加，上升较慢而下降却较快，由此可以推测出此时冬小麦的蒸腾耗水活动层主要集中在该层。在夏玉米生育期间，生育初期两种灌溉模式的土壤含水率差异较小，进入拔节期之后，小麦、玉米宽垄沟灌模式的土壤水分消耗相对较小，土壤含水率长时间持续显著高于传统平作模式，在 7 月底进入抽雄期

以后，宽垄沟灌模式的保水抑蒸发效果更为显著，在减少了一次补充性灌溉的情况下，生育末期的土壤含水率依然高于传统平作模式。

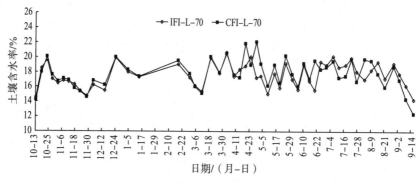

图 5-5　小麦、玉米宽垄沟灌模式对 20～40cm 土层土壤水分变化的影响

三、小麦、玉米宽垄沟灌 40～60cm 土壤水分动态

图 5-6 为小麦、玉米宽垄沟灌模式和常规灌溉模式条件下 40～60cm 土层内土壤含水率的变化。由图 5-6 可知，在小麦、玉米生育期内，与 20～40cm 层深的土壤水分相比，两种灌溉模式的土壤含水率的极大值处在相对较低的位置，土壤水分波动幅度减弱，土壤质量含水率的最高值较同一灌溉模式土壤含水率的最低值高出 29.72%～45.06%。主要是由于该层土壤埋深更大，降雨、灌溉或土面蒸发等外界因素对该层土壤水分影响更为微弱，当降雨较小时，对该层土壤含水率几乎没有影响。同时，夏玉米生育期的土壤水分动态变化依然较冬小麦生育期内的土壤水分变化剧烈，分析原因可知，尽管夏玉米的生长时长小于冬小麦，但是夏玉米植株较高，叶表面更大，植株蒸腾更为显著，同一时间内所消耗的水分更多，造成土壤水分下降更为剧烈。对比小麦、玉米宽垄沟灌模式和常规灌溉模式冬小麦和夏玉米生育期内土壤含水率动态变化发现，两种灌溉方式的土壤水分动态变化趋势相近，且与 20～40cm 层深土壤含水率变化十分相似，不过仔细观察两条曲线依然能够看出该层土壤水分有自己的变化特点，主要表现为两种灌溉模式在该层土壤含水率大小更为相近，尤其是在冬小麦抽穗期以前更为明显；在冬小麦进入抽穗

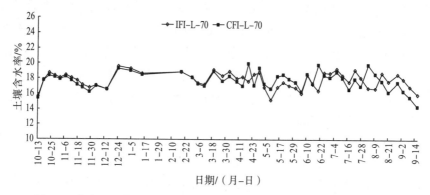

图 5-6　小麦、玉米宽垄沟灌模式对 40～60cm 土层土壤水分变化的影响

期后，一直到夏玉米收获，土壤水分含量变化较为显著，且小麦、玉米宽垄沟灌模式的土壤水分含量占优，可知该模式下的土壤水分消耗相对较小，同时该层也是冬小麦和夏玉米吸水根系的主要活动范围。

四、小麦、玉米宽垄沟灌 60～80cm 土壤水分动态

图 5-7 为小麦、玉米宽垄沟灌模式和常规灌溉模式条件下 60～80cm 土层内土壤含水率的变化。由图 5-7 可知，在小麦、玉米生育期内，与 40～60cm 层深的土壤水分相比，两种灌溉模式的土壤水分波动幅度显著减小，并且土壤含水率的最低值也较为接近试验设计的田间持水量的 70% 水分控制下限，土壤质量含水率的最高值较同一灌溉模式土壤含水率的最低值仅高出 23.06%～38.75%。主要是由于该层土壤埋深更大，降雨、灌溉或土面蒸发等外界因素对该层土壤水分影响更为微弱，当降雨较小时，对该层土壤含水率几乎没有影响。对比小麦、玉米宽垄沟灌模式和常规灌溉模式冬小麦和夏玉米生育期内土壤含水率动态变化发现，两种灌溉方式的土壤水分动态变化趋势与 40～60cm 层深土壤含水率变化十分相似，本节不再赘述。

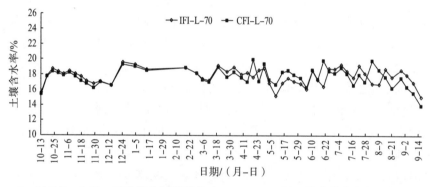

图 5-7　小麦、玉米宽垄沟灌模式对 60～80cm 土层土壤水分变化的影响

五、小麦、玉米宽垄沟灌 80～100cm 土壤水分动态

图 5-8 为小麦、玉米宽垄沟灌模式和常规灌溉模式条件下 80～100cm 土层内土壤含水率的变化。由图 5-8 可知，在小麦、玉米生育期内，与其他四种层深的土壤水分变化相比，两种灌溉模式的土壤含水率极为稳定，始终在 70% 田间持水量的上下小幅波动，并且土壤质量含水率的最高值较相同灌溉模式土壤含水率的最低值仅高出 11.36%～17.05%，即使在冬小麦和夏玉米生育最旺盛时期，该层的土壤含水率变化也不是很大，可知该层并不是两种作物的根系主要活动区域。80～100cm 范围内土壤水分动态变化平缓主要是由于该层土壤处于作物计划湿润层最底部，无论灌溉、降雨，还是植株蒸腾，对该层的土壤水分影响都十分微小，棵间土面蒸发几乎无法影响该层土壤水分变化，如在冬小麦越冬期间，100cm 计划湿润层的水分消耗主要为土面蒸发，而冬小麦两个月左右的越冬期间，该层土壤含水率仅仅下降 6.78%～6.81%。对比小麦、玉米宽垄沟灌模

式和常规灌溉模式冬小麦和夏玉米生育期内土壤含水率动态变化发现，宽垄沟灌模式的土壤水分变化更为温和，可以在减少补充性灌溉的情况下为冬小麦和夏玉米提供稳定的水分保障，不会对作物正常发育和果实积累造成不利的影响。

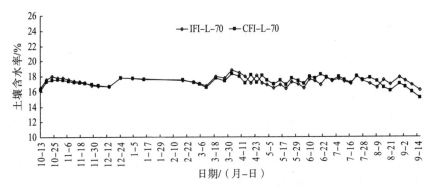

图 5-8　小麦、玉米宽垄沟灌模式对 80～100cm 土层土壤水分变化的影响

第五节　主要结论

本章通过对冬小麦和夏玉米全生育期的降雨观测、灌溉记录和定期的 100cm 内不同层深的土壤含水率测定，以常规灌溉为对照，研究了小麦、玉米宽垄沟灌模式的计划湿润层总体土壤水分动态和不同层深的土壤水分变化，分析灌溉和降雨对宽垄沟灌模式 1m 层深内土壤水分动态变化的影响，取得了良好的效果，得出结论如下。

(1)无论小麦、玉米宽垄沟灌模式，还是两种作物常规灌溉模式，均表现为小麦生育期内土壤含水率波动频率相对较小、夏玉米生育期间的土壤含水率波动频率较大；同时，相同水分处理条件下，夏玉米土壤含水率的最大值与最小值的差值更大，达到 57.45%，而冬小麦的最大、最小值之差仅为 33.62%。随着土壤水分控制下限的提高，两种灌溉模式的土壤水分变化频率均增大。冬小麦和夏玉米常规灌溉模式的土壤水分动态变化频率和波动幅度高于宽垄沟灌模式。

(2)无论小麦、玉米宽垄沟灌模式，还是两种作物的常规灌溉模式，每次进行定额的补充性灌溉后，作物根层土壤含水率均都会迅速增加，出现波峰，而小规模的独立降雨并不一定每次都能促进 1m 计划湿润层土壤含水率的有效提高。在小麦播种前和玉米收获后两种灌溉模式土壤含水率相差不大的情况下，冬小麦和夏玉米的常规灌溉模式在两种作物各自生育期内均比宽垄沟灌模式多一次补充性灌溉过程。

(3)100cm 土层范围内，不同层深的土壤水分动态变化显著不同：0～20cm，土壤含水率的波动幅度最大，两种作物全生育期内土壤含水率最高值较最低值高出 64.42%～104.83%；20～40cm 土层受到降雨、灌溉和作物棵间土面蒸发影响次之，同时受到植株蒸腾耗水影响，波动幅度位居第二位，两种作物全生育期内土壤含水率最高值较最低值高出 44.78%～76.43%；40～60cm 土层受到降雨和作物棵间土面蒸发影响较小，同时受到植株蒸腾耗水影响较为显著，两种作物全生育期内土壤含水率最高值较最低值高出 29.72%～45.06%；60～80cm 土层土壤含水率的最低值较为接近试验设计水分控制下限，两种作物全生育期内土壤含水率最高值较最低值高出 23.06％～38.75％；80～100cm 土层土壤含水率始终在 70％水分控制下限上下小幅波动，两种作物全生育期内土壤含水率最高值较最低值高出 11.36％～17.05％。

第六章　宽垄沟灌对作物生理生态特性影响研究

第一节　试验与方法

一、试验设计

　　试验于 2011 年 6 月～2013 年 6 月在华北水利水电大学河南省节水农业重点实验室农水试验场进行。小麦、玉米周年垄作沟灌灌水方式在前茬作物收获后整地灭茬并起垄做沟，沟断面采用梯形形式，梯形沟沟垄规格分别为 70cm 和 40cm，垄高 20cm，相邻两沟中距离为 110cm，垄上种植 5 行小麦和 2 行玉米，宽垄沟灌沟垄田规格示意图如图 6-1 所示，垄作沟灌冬小麦和夏玉米种植模式和作物生长情况如图 6-2 所示。

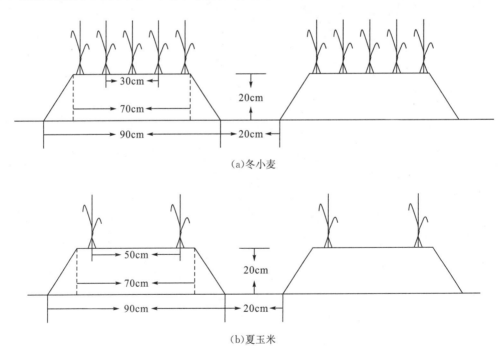

(a)冬小麦

(b)夏玉米

图 6-1　小麦、玉米宽垄沟灌种植模式作物种植示意图

(a)冬小麦

(b)夏玉米

图 6-2　宽垄沟灌作物种植模式

　　试验设计的灌水方式为常规灌溉，即小麦平作畦灌、玉米沟灌（简记为 CFI，后同）和小麦、玉米周年宽垄沟灌（简记为 IFI，后同），每种灌水方式都设置三个水分控制下限，水分控制下限分别是田间持水量的 60%、70% 和 80%，每个水分处理三个重复。土壤水分以同种水分处理各生育期计划湿润层土壤平均含水率为标准，当其低于设置的水分标准时，进行灌溉。主要测定不同种植模式及水分处理下冬小麦、夏玉米全生育期内土壤含水率变化动态、生长发育特性指标等。

冬小麦试验品种为花培 8 号,试验小区面积为 13m×90m,管理措施与大田的相同。垄作施肥浇水均沿着垄沟进行,传统平作肥水措施为撒施和畦灌。生育期划分为苗期、越冬期、返青期、拔节期、孕穗期和灌浆期六个阶段。

夏玉米试验品种为郑单 958,株型紧凑,果穗中间型,品质达到普通玉米国标 1 级标准。试验小区面积为 13m×90m,管理措施与大田的相同。生育期划分为苗期、拔节期、抽雄吐丝期和灌浆成熟期四个阶段。

二、试验设计

(1)作物生育期:观察并记录各处理作物各发育阶段的特征、生长形态和生理变化状况等以及开始和结束时间。

(2)作物生长状况:主要测量基本苗、基部茎粗、株高、干物质重、灌浆进程等生长情况,测定周期为 10d。在小麦的分蘖期选具有代表性的 1m² 面积对分蘖数进行定点调查。

(3)干物质测定:在拔节期、孕穗期、灌浆期、成熟期从每个试验小区各取具有代表性的 10 株小麦,玉米取 2 株,叶面积测定完后,将去掉根部(从地表外剪断)的地上部分的全部有机物质装入牛皮纸信封,先在 105℃下烘 10min,然后在 80℃恒温下烘 24h,用电子天平称其重量。

(4)产量:在各试验小区收获时,产量用样方法实收。

(5)考种:每个试验处理测定株高、干物质及其穗长、穗粒数、千粒重和籽粒产量等指标。收获时,每个试验小区的冬小麦、夏玉米要单收、单打,根据各试验小区实际产量,换算成每公顷产量。

第二节　宽垄沟灌对冬小麦和夏玉米生育进程的影响

一、种植模式对夏玉米生育进程的影响

表 6-1 为常规种植模式和宽垄沟灌方式下的夏玉米生育进程。

表 6-1　夏玉米生育进程

处理		播种期	出苗期	拔节期	抽雄期	灌浆期	成熟期	生育期/d
L-60	IFI	6-2	6-9	7-8	7-27	8-7	9-8	98
	CFI	6-2	6-11	7-9	7-28	8-8	9-7	97
L-70	IFI	6-2	6-10	7-9	7-29	8-11	9-12	102
	CFI	6-2	6-10	7-10	7-30	8-11	9-12	102
L-80	IFI	6-2	6-9	7-10	7-31	8-13	9-16	106
	CFI	6-2	6-9	7-10	7-30	8-11	9-14	104

注:表中×-×表示×月×日。

由表 6-1 可知，夏玉米生育进程对水分变化较敏感，随着灌水次数及灌水量的增加，夏玉米生育期延长。在同一种植模式中，水分控制下限越低，夏玉米生育期越短，60％田间持水量水分处理较相同种植模式的 70％田间持水量水分处理和 80％田间持水量水分处理生育期提前了 4～8d，拔节时间提前了 1～2d，灌浆时间提前了 3～6d，这主要由于低水分处理使作物遭受一定的水分胁迫，作物的生理生化过程加快，造成作物早衰，缩短了夏玉米的生育期。对比常规沟灌，相同水分处理宽垄沟灌种植模式夏玉米生育期延长了 1～2d，说明宽垄沟灌能延缓夏玉米衰老，为地上干物质积累和产量的提高打下良好基础。

二、种植模式对冬小麦生育进程的影响

不同种植模式的冬小麦生长发育进程见表 6-2。由表可知，小麦、玉米宽垄种植模式相对加深了小麦的播种深度，但上虚下实的耕层结构有利于作物生长。与传统平作相比，出苗期相同，均是 10 月 31 日，拔节期延迟 1d，全生育期推迟 2～3d，生育期的延长对冬小麦地上干物质的积累非常有利。

表 6-2　冬小麦生育进程

处理		播种期	出苗期	拔节期	抽穗期	灌浆期	成熟期	生育期/d
L-60	IFI	10-12	10-31	3-15	4-12	4-30	5-27	227
	CFI	10-12	10-31	3-15	4-11	4-30	5-25	225
L-70	IFI	10-12	10-31	3-17	4-15	5-4	5-30	230
	CFI	10-12	10-31	3-16	4-14	5-2	5-27	227
L-80	IFI	10-12	10-31	3-18	4-15	5-5	5-31	231
	CFI	10-12	10-31	3-17	4-15	5-4	5-31	231

冬小麦生育进程对水分变化较为敏感，在相同灌水模式下，随着水分控制下限的提高，冬小麦生育期延长。主要由于水分胁迫会改变冬小麦的生理状况，促使作物生殖生长加快，以传统平作为例，60％田间持水量水分处理生育期短，后期衰老较快，分别较70％田间持水量水分处理、80％田间持水量水分处理生育期缩短 2d、6d。

三、种植模式对冬小麦群体动态的影响冬小麦

群体结构直接影响着群体与个体的发展，只有建立合理的群体结构才能保证充分利用光能和地力，实现作物的节水高产。苗、蘖、穗相互之间的比例关系是影响冬小麦群体结构动态的基本因素。本章试验对不同种植模式及水分处理冬小麦全生育期的基本苗、分蘖数进行了测量，结果见表 6-3。

表 6-3　不同处理冬小麦群体变化

试验处理		基本苗/$(10^4/hm^2)$	分蘖数/(个/株)				成穗率/%
			越冬前	拔节期	抽穗期	成熟期	
L-60	IFI	265.87	1.95	2.70	1.89	1.85	68.52
	CFI	276.62	2.06	3.10	1.81	1.79	57.74
L-70	IFI	271.07	2.13	3.50	1.99	1.88	53.71
	CFI	292.63	2.48	4.23	2.01	1.97	46.57
L-80	IFI	273.89	2.27	3.67	2.13	2.02	55.04
	CFI	297.26	2.64	4.04	2.31	2.09	51.73

在同一水分处理中，冬小麦在宽垄种植模式下的基本苗与传统种植模式的相比差别不大，但常规灌溉的单株分蘖数在全生育期几乎都大于宽垄沟灌，尤其是在分蘖高峰的拔节期，常规灌溉的单株分蘖数比宽垄沟灌大 14.81%~20.86%，这就使常规灌溉的总分蘖数远远高于宽垄沟灌。无效分蘖随着作物的生长发育大量死亡，单株分蘖数也随之降低，到成熟期冬小麦的有效穗数差别已不显著，所以宽垄沟灌的成穗率均高于常规灌溉，高的成穗率是实现高产的有利因素。在相同种植模式下，随着水分控制下限的提高，基本苗和单株分蘖数均有增长的趋势，成穗率却随之降低，说明相对高的水分处理有利于冬小麦出苗及分蘖，但对成穗率有抑制作用。

第三节　宽垄沟灌对冬小麦和夏玉米株高的影响

一、不同种植模式的夏玉米株高

株高是衡量植株生长状况的基本指标之一，根据试验设计，对全生育期内夏玉米的株高进行测定，每五天测定一次，结果见图 6-3。由图可以看出，不同种植方式及水分处理的株高具有相似的变化规律，即从苗期到抽雄期株高快速增加，进入灌浆期后夏玉米营养生长放慢，株高增长速度减缓，基本呈直线状态。

整个生育期内，两种种植模式 80% 田间持水量水分处理的株高均较相同种植模式下其他两个水分处理的高，说明夏玉米株高对水分供应也较敏感，80% 田间持水量水分处理为夏玉米株高的生长提供了良好水分条件，促进作物生长发育。较少的水分供应会抑制夏玉米向上延伸生长，这种敏感性在夏玉米的苗期已经表现出来，如 7 月 1 日常规灌溉 60% 田间持水量水分处理的株高比中、高水分处理低 8.85~16.77cm。拔节期处在气温较高的季节，夏玉米蒸腾速率较快，营养生长旺盛，进一步扩大了株高的差距，在 7 月 11 日的株高分别较常规灌溉 70% 田间持水量水分处理和常规灌溉 80% 田间持水量水分处理低 15.10cm、24.85cm。到抽雄期和灌浆期，夏玉米由营养生长转向生殖生长，株高差异减小，但仍比中、高水分处理低 5.87~17.76cm。相对而言，相同水分处理下，不同种植方式对夏玉米株高的影响略小一些，宽垄沟灌的作物高于常规灌溉，但不显著；

拔节期，两种种植方式株高差距拉大，其中播后第 44d 测得宽垄沟灌的 80％田间持水量水分处理比常规灌溉 80％田间持水量水分处理高出 8.73cm，抽雄期和灌浆期作物营养生长缓慢，株高差距逐渐缩小。

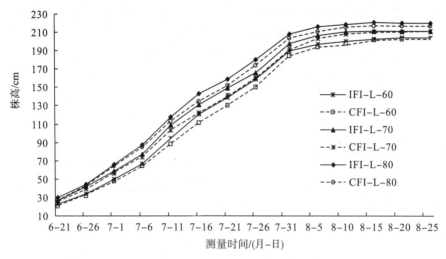

图 6-3　夏玉米生育期内株高变化

　　试验结果说明与常规沟灌相比，小麦、玉米宽垄沟灌种植在一定程度上可以促进夏玉米的纵向生长，但水分控制下限不能过低，如 60％田间持水量水分处理已经对夏玉米的生长发育产生不利影响，并最终影响作物产量。

　　对数据分析发现，夏玉米生育前期(播后 54d)的株高与播后天数均符合式(6-1)幂函数关系，生育后期的株高与播后天数均符合式(6-2)一元二次函数关系。

$$生育前期:Y = at^b \qquad (6-1)$$
$$生育后期:Y = ct^2 + dt + e \qquad (6-2)$$

式中，Y 为株高，cm；t 为播后天数；a、b、c、d、e 均为拟合参数，具体见表 6-4。

表 6-4　夏玉米株高与播后天数关系式相关系数

试验处理	生育前期			生育后期			
	a	b	R^2	c	d	e	R^2
IFI-L-60	0.0741	1.9370	0.9965	−0.0302	4.9099	4.6747	0.9964
IFI-L-70	0.1382	1.7976	0.9945	−0.0423	6.6052	−44.8850	0.9533
IFI-L-80	0.1666	1.7706	0.9933	−0.0377	5.8900	−8.3110	0.9762
CFI-L-60	0.0650	1.9558	0.9977	−0.0406	6.5954	−64.2380	0.9946
CFI-L-70	0.1187	1.8249	0.9953	−0.0520	8.2116	−112.0000	0.9781
CFI-L-80	0.1284	1.8288	0.9917	−0.0385	6.0842	−22.3110	0.9843

二、不同种植模式的冬小麦株高

通过对两种种植模式冬小麦株高的试验观测，对比分析了各生育期的株高数据，结果见图 6-4。由图可以看出，不同种植模式和水分控制对冬小麦的株高都会产生明显影响。全生育期内，两种灌水方式的株高都随着水分处理的增大，显示出增高的趋势，说明冬小麦的株高对水分供应比较敏感，作物遭受水分胁迫时，其营养生长被抑制，株高较低。

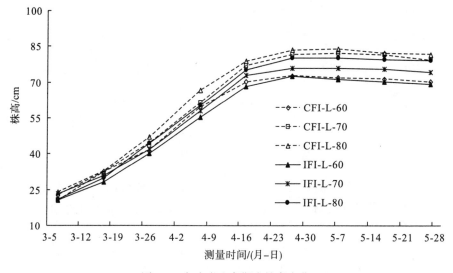

图 6-4　冬小麦生育期内株高变化

进入拔节期，冬小麦营养生长旺盛，株高涨幅明显增加，同种种植方式下，不同水分处理冬小麦株高的差异显著，4 月 7 日，常规灌溉 80％田间持水量水分处理的株高分别较常规灌溉 70％田间持水量水分处理、常规灌溉 60％田间持水量水分处理高出5.44cm、7.20cm。抽雄期至灌浆期，冬小麦株高增长缓慢，基本呈直线趋势，灌浆期至成熟期，株高呈下降趋势，这主要是由于抽雄期以后，作物营养生长缓慢，光合积累的有机物质逐渐由叶片和茎鞘向籽粒转移。但在相同种植方式下，仍然是 80％田间持水量水分处理均较其他两种水分处理的高。相同水分处理下，常规灌溉的株高在全生育期均高于宽垄沟灌，如拔节期(3 月 17 日)常规灌溉株高较宽垄沟灌高 0.80～4.25cm，抽雄期(5 月 7 日)高 0.53～6.19cm。

以上结果表明，一定的水分胁迫能够抑制作物株高的生长，有利于提高小麦的抗倒伏能力，但水分控制下限定得过低将会对作物的生长发育产生不利影响，如 60％田间持水量水分处理已经阻碍冬小麦的生长发育，所以确定适宜水分处理的标准应为既不影响冬小麦最终产量，又使其奢侈生长得到有效的抑制。此外，小麦、玉米宽垄种植模式与常规种植模式相比降低了冬小麦的株高，体现了宽垄种植模式的优越性，有利于提高小麦的抗倒伏能力，为茎秆充实和后期籽粒灌浆成熟打下基础。

对数据进行拟合回归分析，发现冬小麦生育前期(播后 187d)的株高与播后天数符合式(6-3)线性函数关系，生育后期的株高与播后天数均符合式(6-4)一元二次函数关系。

$$生育前期：Y = at + b \tag{6-3}$$

$$生育后期：Y = ct^2 + dt + e \tag{6-4}$$

式中，Y 为株高，cm；t 为播后天数；a、b、c、d、e 均为拟合参数，具体见表6-5。

表6-5　冬小麦株高与播后天数关系式相关系数

试验处理	生育前期			生育后期			
	a	b	R^2	c	d	e	R^2
IFI-L-60	1.1935	−156.0500	0.9906	0.0002	−0.2013	102.9000	0.9998
IFI-L-70	1.2318	−159.7300	0.9836	−0.0034	1.3728	−64.3190	0.9986
IFI-L-80	1.3469	−178.0100	0.9931	−0.0010	0.3761	44.3670	0.9947
CFI-L-60	1.1868	−152.3200	0.9878	−0.0012	0.4859	28.2430	0.9937
CFI-L-70	1.3853	−183.8100	0.9921	−0.0068	2.8052	−208.7400	0.9988
CFI-L-80	1.4038	−183.9100	0.9869	−0.0025	1.0037	−15.8180	0.9583

第四节　宽垄沟灌对冬小麦和夏玉米叶面积的影响

一、不同种植模式的夏玉米叶面积

叶面积是描述作物群体质量的重要指标，对植株群体的光能利用、作物蒸发蒸腾及最终产量构成都有显著影响。对夏玉米全生育期内的叶面积进行试验监测，叶面积变化情况如图6-5所示。

可以看出，从夏玉米整个生育期叶面积发展动态来看，各处理的变化趋势相同，在苗期和拔节期增长较快，在播种后 60～70d（即抽雄期）达到最大值，其中宽垄沟灌的80%田间持水量水分处理最大，常规灌溉的 60%田间持水量水分处理最小，此后夏玉米叶面积开始减少。相同种植模式下，夏玉米叶面积与水分控制下限大致呈正相关，即60%田间持水量水分处理的叶面积小于 70%田间持水量水分处理，70%田间持水量水分处理的叶面积小于 80%田间持水量水分处理，如常规种植模式 7 月 28 日 60%田间持水量水分处理的叶面积较中、高水分处理分别减少 25%、29.97%。主要由于较多的水分供应为夏玉米生长发育提供了良好环境，从而使叶片长且宽，叶面积增大。作物产量在一定范围内随叶面积的增大而提高，但叶面积增长超过一定限度，造成作物的奢侈生长，在大量需水的同时不一定对作物的籽粒灌浆及最终产量形成有利影响。三种水分处理宽垄沟灌的叶面积均大于常规灌溉，其中，70%田间持水量水分处理、80%田间持水量水分处理比常规灌溉分别增长 1.40%～56.23%和 4.16%～25.10%，说明宽垄沟灌种植模式有利于叶片的生长发育。同时，与常规灌溉相比，宽垄沟灌夏玉米叶片前期增长更快，能迅速覆盖地面，后期叶片衰老缓慢，叶面积高值持续期延长，提高了光能利用效率，有利于雌雄穗形成和子粒灌浆成熟，为最终实现高产奠定良好的基础。

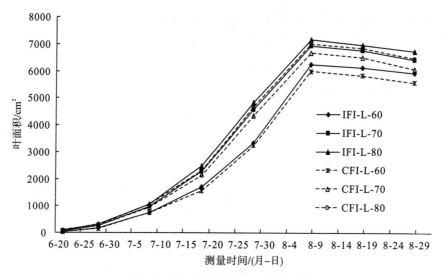

图 6-5　夏玉米生育期内叶面积变化

对数据进行拟合回归分析，发现夏玉米生育前期（播后 56d）的叶面积与播后天数符合式（6-5）幂函数关系，生育后期的叶面积与播后天数均符合式（6-6）线性函数关系。

$$生育前期: Y = at^b \tag{6-5}$$

$$生育后期: Y = ct + d \tag{6-6}$$

式中，Y 为夏玉米叶面积，cm^2；t 为播后天数；a、b、c、d 均为拟合参数，具体见表 6-6。

表 6-6　夏玉米叶面积与播后天数函数关系式拟合系数

试验处理	生育前期			生育后期		
	a	b	R^2	c	d	R^2
IFI-L-60	0.0002	4.2248	0.9933	−15.4580	7283.2000	0.9717
IFI-L-70	0.0007	3.9045	0.9968	−26.1690	8717.7000	0.9467
IFI-L-80	0.0014	3.7603	0.9974	−22.3950	8682.5000	0.9984
CFI-L-60	0.0003	4.0555	0.9948	−20.3640	7367.2000	0.9750
CFI-L-70	0.0008	3.8700	0.9964	−30.9720	8802.4000	0.9437
CFI-L-80	0.0007	3.9285	0.9963	−27.5510	8885.6000	0.9247

二、不同种植模式的夏玉米叶片衰老

不同种植模式及水分控制下限对夏玉米叶片的衰老速度也会产生明显影响。试验对夏玉米黄叶数的进行了取样监测，见表 6-7。

表 6-7　夏玉米黄叶数的变化

试验处理		单株黄叶数/片					
		7月18日	7月28日	8月8日	8月18日	8月28日	9月8日
L-60	IFI	3.0	3.0	4.0	5.9	7.4	10.2
	CFI	3.3	3.7	4.3	6.4	7.6	10.8
L-70	IFI	3.4	3.4	3.8	5.4	7.1	9.7
	CFI	3.5	3.5	4.0	5.7	7.3	10.2
L-80	IFI	3.5	3.4	3.7	5.5	7.1	9.5
	CFI	3.7	3.7	3.9	5.7	7.2	10.3

通过对表 6-7 中夏玉米黄叶数的观察发现，抽雄期以前，高水分控制下限处理的黄叶数要多于低水分控制下限处理，究其原因为低的水分控制下限会抑制夏玉米营养生长，推迟生育期进程，迟缓了叶片发育，这样弥补了抽雄期以前单株叶面积小的不足。但是，在灌浆期以后，过分的水分胁迫使作物提前衰老，如 60％田间持水量水分处理的黄叶数在 8 月 8 日以后一直大于其他两个水分处理，这说明过低的水分处理使夏玉米生育期缩短。而 70％田间持水量水分处理和 80％田间持水量水分处理在 8 月 8 日以后单株黄叶数相差不大。相同水分处理下，宽垄沟灌的黄叶数小于常规灌溉，这是由于宽垄沟灌种植模式具有较强的蓄水保墒能力，夏玉米生育后期从宽垄沟灌得到了更加稳定的水分保证，延缓了玉米的衰老，表现出较好的保绿性，从而能够制造出更多的光合同化产物，促进籽粒灌浆成熟。

三、不同种植模式的冬小麦叶面积

试验每 10d 测量一次冬小麦单株叶面积，结果见图 6-6。可以看出，六个处理叶面积变化规律相似，均是拔节期后叶面积迅速增加，在抽穗期达到峰值，之后叶面积缓慢下降。冬小麦叶片生长在抽穗期对水分供应最为敏感。

与常规灌溉相比，同一水分处理下，宽垄沟灌的叶面积较高，在生育前期，两种种植模式叶面积的差距不大，进入抽穗期后差距逐渐拉大，在 3 月 27 日，宽垄沟灌的叶面积较常规灌溉高出 $3.53\sim8.24\text{cm}^2$，到 5 月 27 日，差距达到 $8.79\sim15.44\text{cm}^2$，这说明宽垄沟灌的冬小麦能够获得更多的光合同化产物，有利于生长发育，促进果穗成熟。相同种植模式下，冬小麦各生育阶段叶面积均随着灌溉水量和水分控制下限的降低而减小，其中 80％田间持水量水分处理的叶面积在三种水分处理中是最高的，60％田间持水量水分处理最低，以 5 月 17 日的宽垄沟灌为例，80％田间持水量水分处理的叶面积较中、低水分处理高 10.92cm^2、33.38cm^2。这主要是由于冬小麦叶片生长对水分的供应十分敏感，轻度的水分亏缺也能减少细胞分裂，并且抑制了细胞的扩张，从而使小麦叶片短、窄，叶片的生长速度降低。叶片既是作物水分散失的主要器官，又是作物光合同化产物的主要集散地，减小叶面积有利于减少蒸腾，防御干旱，但同时会造成光合同化面积减少，致使作物产量下降，相对而言，叶片生长过快，叶面积超过一定限度，反而使田间

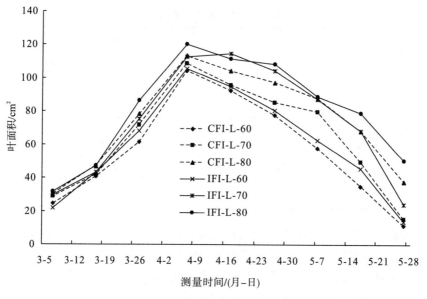

图 6-6　冬小麦生育期内叶面积变化

郁闭、光照不足、光合效率减弱，最终也将导致产量下降。因此，保证作物群体有合理的叶面积是实现节水、获得高产的关键。

　　对图 6-6 中数据分析表明，冬小麦的叶面积与播后天数符合式（6-7）一元二次函数关系：

$$Y = at^2 + bt + c \tag{6-7}$$

式中，Y 为冬小麦的叶面积，cm^2；t 为播后天数，d；a、b、c 均为拟合系数，具体见表 6-8。

表 6-8　冬小麦叶面积与播后天数函数关系拟合系数

试验处理	a	b	c	R^2
IFI-L-60	−4.7709	46.963	−24.49	0.9482
IFI-L-70	−4.7463	49.208	−22.75	0.9630
IFI-L-80	−4.7512	50.216	−19.04	0.9612
CFI-L-60	−4.6644	45.088	−21.82	0.9199
CFI-L-70	−4.7689	49.772	−22.39	0.9605
CFI-L-80	−4.881	49.029	−23.80	0.9510

四、不同种植模式的冬小麦叶片衰老

　　不同种植模式及水分控制下限不仅对冬小麦叶片的扩展生长产生明显影响，而且对叶片的衰老速度也有一定影响。试验测定了冬小麦单株黄叶数，结果见表 6-9。可以看出，无论哪种水分控制下限，常规灌溉冬小麦的黄叶数均多于宽垄沟灌，生育末期，常规灌溉的黄叶数较宽垄沟灌最大多 1.1 片，这充分体现了小麦、玉米宽垄沟灌的边行优势，由平面的土地起垄做沟，不仅使通风透光条件良好，并且垄沟内的沟灌，能够有效地防止土壤板结，增强土壤通透性，为作物节水高产提供保障。

表 6-9　冬小麦黄叶数的变化

试验处理		单株黄叶数/片			
		4 月 27 日	5 月 7 日	5 月 17 日	5 月 27 日
L-60	IFI	1.3	2.1	3.2	4.7
	CFI	1.4	2.4	3.5	5.3
L-70	IFI	1.3	1.8	3	4.2
	CFI	1.4	2	3.6	5.1
L-80	IFI	1.2	1.6	3.1	3.8
	CFI	1.3	1.8	3.7	4.9

相同种植模式中，水分控制下限低的冬小麦黄叶数较水分控制下限高得多，越到生育后期，这种趋势越明显，其原因是水分胁迫并不能使冬小麦生育期后移，相反，会造成小麦提前成熟，如表 6-9 中 60％田间持水量水分处理，在 4 月 27 日时，与其他两个水分控制下限相比差别不大，但生育末黄叶数急剧增加，到 5 月 27 日黄叶数最多已达到 5.3 片，这对小麦的产量形成产生不利影响。小麦、玉米宽垄沟灌必须合理控制水分控制下限，这样才会达到节水增产的效果。

第五节　宽垄沟灌对夏玉米基部茎粗的影响

通过对小麦、玉米宽垄沟灌和常规种植模式夏玉米各生育期基部茎粗的观测，得到试验结果见图 6-7。

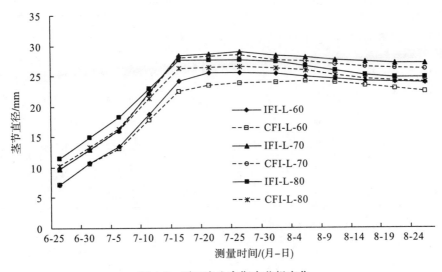

图 6-7　夏玉米生育期内茎粗变化

由图 6-7 可以看出，两种种植模式不同水分处理下的茎粗均是在苗期和拔节前期增长较快；夏玉米完成拔节后，由营养生长逐渐向生殖生长转变，因而基部茎粗发育缓慢；在抽雄末期基部茎粗达到峰值；进入灌浆期，茎粗有减小的趋势。这主要是由于夏玉米灌浆开始后，需要汲取大量养分，导致植株内部富余养分集中供应果穗发育，促进灌浆成熟。无论哪种水分处理，宽垄沟灌的茎粗均高于常规灌溉，但差异并不显著，以 80% 田间持水量水分处理为例，全生育期宽垄沟灌的茎节直径比常规灌溉大 0.64～1.97mm。相同种植模式下，夏玉米基部茎节直径在苗期随着水分控制下限提高而增大，进入拔节期后，70% 田间持水量水分处理的基部茎节直径最大，略高于 80% 田间持水量水分处理，60% 田间持水量水分处理最小，以 8 月 1 日测得的宽垄沟灌茎节直径为例，70% 田间持水量水分处理分别比 60% 田间持水量水分处理、80% 田间持水量水分处理增加 15.34%、7.10%。究其原因为夏玉米进入拔节期后开始旺盛生长，高水分处理的作物长势迅猛，水分向上运输能力强，夏玉米更加倾向于径向发育，进而削弱了横向生长，而低水分处理受到水分胁迫，从生育初期开始就一直处于生长弱势。可见，与常规种植模式相比，宽垄种植有利于壮苗，增加抗倒伏能力；夏玉米基部茎粗对水分变化比较敏感，适宜的水分控制下限（70% 田间持水量水分处理）在增加茎粗的同时节约灌溉水量；水分胁迫会降低茎粗，不利于夏玉米生长发育，从而影响产量，过高的土壤水分（80% 田间持水量水分处理）对夏玉米茎粗发育没有优势，存在灌溉水浪费现象。

对数据分析发现，夏玉米生育前期（播后 44d）的基部茎粗与播后天数均符合式（6-8）幂函数关系，生育后期的基部茎粗与播后天数均符合式（6-9）一元二次函数关系：

$$\text{生育前期}: Y = at^b \tag{6-8}$$

$$\text{生育后期}: Y = ct^2 + dt + e \tag{6-9}$$

式中，Y 为夏玉米的基部茎粗，mm；t 为播后天数；a、b、c、d、e 均为拟合系数，具体取值见表 6-10。

表 6-10 夏玉米基部茎节直径与播后天数函数关系拟合系数

试验处理	生育前期			生育后期			
	a	b	R^2	c	d	e	R^2
IFI-L-60	0.0132	1.9789	0.9947	−0.0001	−0.0356	27.7120	0.9437
IFI-L-70	0.0351	1.7593	0.9892	−0.0008	0.0439	31.2540	0.9531
IFI-L-80	0.1139	1.4478	0.9977	−0.0005	−0.0323	30.6640	0.9555
CFI-L-60	0.0187	0.8717	0.9953	−0.0031	0.3917	11.7860	0.9702
CFI-L-70	0.0361	1.7484	0.9864	−0.0004	−0.1236	33.4090	0.9636
CFI-L-80	0.0704	1.5578	0.9934	−0.0011	0.0651	26.0090	0.9431

第六节　宽垄沟灌对冬小麦和夏玉米灌浆期的影响

一、不同种植模式的夏玉米灌浆进程

灌浆期是对作物产量产生重要影响的生育阶段，不同种植模式及水分处理最终引起夏玉米在灌浆和籽粒形成上的差异，试验监测分析了灌浆进程，其结果见图6-8。可以看出，同一灌水方式中，60％田间持水量水分处理的灌浆速度明显低于70％田间持水量水分处理、80％田间持水量水分处理，主要是由于适宜的水分胁迫能够抑制夏玉米的过快生长，利于壮苗，但过分的水分胁迫也会抑制夏玉米的正常生长发育，降低灌浆速度，最终影响产量；同时，在灌浆前期（8月30日之前），80％田间持水量水分处理的灌浆速度高于70％田间持水量水分处理，但在灌浆后期，70％田间持水量水分处理的灌浆速度加快，最终70％田间持水量水分处理与80％田间持水量水分处理的籽粒重相差不大，这表明过多的水分并不能提高产量。

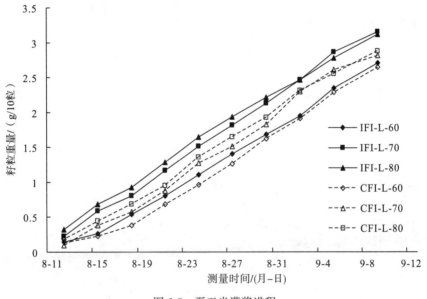

图6-8　夏玉米灌浆进程

在同一水分处理条件下，宽垄沟灌的灌浆速度略高于常规沟灌，籽粒也大于常规沟灌，如宽垄沟灌70％田间持水量水分处理比常规灌溉70％田间持水量水分处理的籽粒重11.70％，宽垄沟灌80％田间持水量水分处理比常规灌溉80％田间持水量水分处理的籽粒重8.71％，这说明小麦、玉米宽垄沟灌为夏玉米生长过程中提供稳定水分的同时，减少昼夜温差，削弱作物呼吸，有利于干物质积累。从六种水分处理的灌浆进程来看，宽垄沟灌70％田间持水量水分处理能够达到高产的同时节约水资源的目的。

对数据进行拟合分析发现，夏玉米籽粒重量与播后天数均符合线性函数关系：

$$Y = at + b \tag{6-10}$$

式中，Y 为夏玉米的籽粒重量，g/10粒；t 为播后天数；a、b 均为拟合系数，具体取值见表6-11。

表6-11　夏玉米籽粒重量与播后天数线性关系式拟合系数

试验处理	a	b	R^2
IFI-L-60	0.0945	−6.7027	0.9951
IFI-L-70	0.1064	−7.3242	0.9983
IFI-L-80	0.1003	−6.7486	0.9975
CFI-L-60	0.0939	−6.7267	0.9836
CFI-L-70	0.1026	−7.2540	0.9931
CFI-L-80	0.0990	−6.8810	0.9966

二、不同种植模式的冬小麦灌浆进程

为分析冬小麦的灌浆情况，对小麦穗粒重进行试验观测，结果见图6-9。可以看出，冬小麦在灌浆前期，灌浆速度均较快，到灌浆后期，灌浆速度减缓，这与生育后期冬小麦叶面积的减少和黄叶数的增加密不可分。

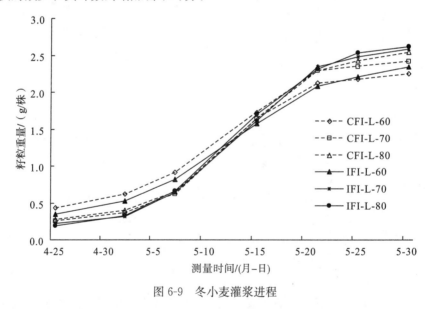

图6-9　冬小麦灌浆进程

相同种植模式下，60%田间持水量水分处理的灌浆开始时间要比其他两个水分处理稍早一些，而70%田间持水量水分处理、80%田间持水量水分处理基本上保持同步，与此同时，60%田间持水量水分处理灌浆速度最大值较低，灌浆速度高值期持续时间也较中、高水分处理短，如宽垄沟灌60%田间持水量水分处理灌浆速度的峰值0.094(g/d·穗)比宽垄沟灌70%田间持水量水分处理、宽垄沟灌80%田间持水量水分处理的峰值分别低30.73%、39.23%。低水分处理灌浆进程的提前及较低的灌浆速度充分说明了小麦受到过渡的水分胁迫后，会缩短作物生育期，促使小麦提前成熟。此外，70%田间持水量水分处理与 80％田间持水量水分处理相比，最后一次测量(5 月 31 日)的结果表明，80％田间持水量水分处理的单穗粒重较 70％田间持水量水分处理没有明显优势，这主要由于 80％田间持水量水分处理叶面积较大，田内郁蔽重叠，透光通风条件差，造成冬小麦的贪青和旺长，不利于籽粒灌浆成熟。这表明，过高的水分控制下限(80％田间持水量水分处理)对籽粒的灌浆成熟没有明显的促进作用，而适宜的水分处理(70％田间持水量水分处理)能够在促进籽粒饱满的同时节约灌溉水。与常规种植模式相比，相同水分处理下，小麦、玉米宽垄沟灌将土壤表面由平面形转变为波浪形，增加了土壤表面积，增强了土壤通气性，从而改善土壤的光、热、水等条件，为冬小麦的生长发育提供良好环境。因此，小麦、玉米宽垄沟灌在冬小麦株高、叶面积方面优于常规种植模式的基础上，最终单穗籽粒干重也较常规灌溉重，如 70％田间持水量水分处理，宽垄沟灌的单穗粒重比常规灌溉重 6.97％。

对数据分析发现，冬小麦生育前期(播后 215d)的籽粒重量与播后天数符合式(6-11)一元二次函数关系，生育后期的籽粒重量与播后天数均符合式(6-12)线性函数关系：

$$生育前期: Y = at^2 + bt + c \qquad (6\text{-}11)$$

$$生育后期: Y = dt + e \qquad (6\text{-}12)$$

式中，Y 为冬小麦籽粒重量，g/株；t 为播后天数；a、b、c、d、e 均为拟合参数，参数取值见表 6-12。

表 6-12　冬小麦籽粒重量与播后天数函数关系拟合结果

试验处理	生育前期				生育后期		
	a	b	c	R^2	d	e	R^2
IFI-L-60	0.0027	−1.0538	102.4200	0.9987	0.0295	−4.4267	0.9991
IFI-L-70	0.0044	−1.7146	169.0400	0.9992	0.0271	−3.6351	0.9765
IFI-L-80	0.0044	−1.7409	171.2100	0.9998	0.0327	−4.8837	0.9797
CFI-L-60	0.0029	−1.1422	111.2600	0.9999	0.0143	−1.0286	0.9991
CFI-L-70	0.0045	−1.7623	174.0800	0.9985	0.0140	−0.7960	0.9999
CFI-L-80	0.0041	−1.6156	159.2900	0.9982	0.0219	−2.4943	0.9985

第七节　宽垄沟灌对冬小麦地上干物质累积量的影响

干物质的产生是植株产量形成的基础，不同种植模式对植株产量的影响大多体现在干物质累积上，试验对不同种植模式和水分控制下限的冬小麦部分干物质积累量及其分配进行了取样测定，测量结果见图 6-10 和表 6-13。由图 6-10 可知，所有处理干物质重均呈增长的趋势，在抽穗期以前各处理间干物质重的差异不大，但在抽穗期以后差异逐渐拉大，到生育末期，宽垄沟灌 80％田间持水量水分处理的干物质重最大，常规灌溉 60％田间持水量水分处理的干物质重最小。相同水分处理下，宽垄沟灌的最终干物质重大于常规灌溉，以宽垄沟灌 70％田间持水量水分处理为例，每 10 株干物质重较常规灌溉 70％田间持水量水分处理增加 2.33g，主要由于宽垄沟灌的种植密度低于传统平作，利于作物吸取土壤中的营养物质和水分，使植株更加粗壮，同时，宽垄沟灌改变了土壤表面形状，扩大了土壤表面积，增加了光的截获量，为干物质的积累创造了良好条件。两种种植模式60％田间持水量水分处理的干物质重都最小，由此可知，60％田间持水量水分处理是在使小麦受到过度水分胁迫，降低小麦产量基础上的节水，是不合理的；70％田间持水量水分处理、80％田间持水量水分处理的干物质重均高于60％田间持水量水分处理，但差异不显著。

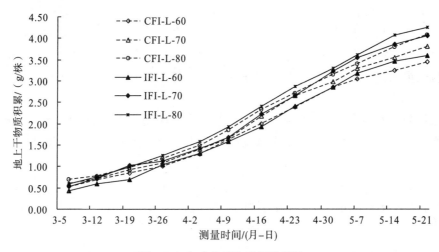

图 6-10　冬小麦干物质积累情况

表 6-13　冬小麦地上干物质积累与分配　　　　　（单位：g/10 株）

处理	出苗－拔节		拔节－抽穗		抽穗－成熟		地上干物质分配	
	日增量	累积量	日增量	累积量	日增量	累积量	秸秆	籽粒
CFI-L-60	0.06	7.48	0.34	9.22	0.39	18.56	18.67	16.59
CFI-L-70	0.06	8.51	0.38	10.98	0.41	19.16	20.05	18.60
CFI-L-80	0.06	8.79	0.42	12.04	0.40	20.00	21.89	18.94
IFI-L-60	0.05	6.16	0.36	10.04	0.41	19.93	17.68	18.45
IFI-L-70	0.07	8.98	0.38	11.15	0.42	20.58	20.19	20.51
IFI-L-80	0.06	8.86	0.42	11.77	0.44	22.04	22.11	20.56

由表 6-13 可以看出，出苗期到拔节期冬小麦干物质日累积量较小，拔节期到抽穗期日累积量有所增长，抽穗到成熟期日累积量最大。抽穗期以前生产的干物质主要用来建造营养器官和穗器官，大部分以结构物质的形态固定下来，少部分向籽粒转运；抽穗期以后生产的干物质大多都用来充实籽粒，提高产量。因此，在抽穗期以前，冬小麦的株高、叶面积等发育旺盛，抽穗期后发育缓慢或大量减少，作物体内同化产物向穗部运转，以供应籽粒发育成熟。

在出苗到拔节期，六个处理的干物质累积量较为相近，拔节期到抽穗期和抽穗期到成熟期的累积量随着水分控制下限的升高而增加，如拔节期到抽穗期常规灌溉60％田间持水量水分处理的累积量分别较常规灌溉70％田间持水量水分处理和80％田间持水量水分处理少 19.00％、30.49％。主要由于低的水分处理不利于小麦营养器官发育，阻碍穗部器官籽粒的充实，并将影响冬小麦的最终产量。相同水分处理下，宽垄沟灌最终分配到籽粒的干物质占全株干物质重的比例比常规灌溉高，并且宽垄沟灌的籽粒均比常规灌溉重。说明小麦、玉米宽垄沟灌有利于提高穗部的干物质分配比例，能够增加同化产物向穗部运输量，从而提高产量。

对数据分析发现，冬小麦生育前期（播后 202d）与生育后期的干物质重量和播后天数均符合一元二次函数关系式：

$$生育前期:Y = at^2 + bt + c \tag{6-13}$$
$$生育后期:Y = dt^2 + et + f \tag{6-14}$$

式中，Y 为冬小麦干物质重，g/10 株；t 为播后天数，d；a、b、c、d、e、f 均为拟合系数，具体拟合系数见表 6-14。

表 6-14　冬小麦干物质重与播后天数关系式相关系数

试验处理	生育前期				生育后期			
	a	b	c	R^2	d	e	f	R^2
IFI-L-60	0.0004	−0.1061	6.7582	0.9936	−0.0008	0.3931	−42.1340	0.9975
IFI-L-70	0.0009	0.0032	−1.8457	0.9883	−0.0008	0.3875	−41.7280	0.9970
IFI-L-80	0.0004	−0.1060	6.6297	0.9988	−0.0004	0.2378	−26.3290	0.9964
CFI-L-60	0.0004	−0.1116	7.5410	0.9879	−0.0007	0.3424	−36.2850	0.9979
CFI-L-70	0.0003	−0.0778	4.9369	0.9939	−0.0005	0.2457	−26.6740	0.9955
CFI-L-80	0.0007	−0.1881	13.6540	0.9984	−0.0002	0.1397	−16.1680	0.9997

第八节　宽垄沟灌对冬小麦和夏玉米产量的影响

一、不同种植模式的夏玉米产量

衡量一种灌水方式及标准是否合理最终体现在作物产量与灌水量的对应关系上，即看其是否既节水又高效。试验对不同种植模式和水分处理的夏玉米产量及产量构成因子进行了测定，结果见表 6-15。可以看出，两种种植模式夏玉米的产量都随着水分控制下限的提升呈先增长后下降的趋势，常规灌溉在 60％田间持水量水分处理条件下，产量及其构成因子情况最差，与相同水分处理的宽垄沟灌相比，差距也很明显；中水分处理的产量及构成因子最优，但相对于高水分处理没有太明显的优势。这说明水分亏缺已对产量及其构成因子产生不利影响，抑制了夏玉米的正常发育，导致最终产量下降；80％田间持水量水分处理由于土壤含水量过高，玉米的植株过剩发育，削弱了果穗干物质积累，表现为 70％田间持水量水分处理相对于 80％田间持水量水分处理百粒重有所增长，产量高于 80％田间持水量水分处理。例如，在宽垄沟灌下，70％田间持水量水分处理夏玉米的产量相较于 60％田间持水量水分处理和 80％田间持水量水分处理分别增长 21％和

3.42％。此外，在产量构成因子中可以看出，各水分处理穗长和百粒重的差异较小，除60％田间持水量水分处理条件下穗长与70％田间持水量水分处理、80％田间持水量水分处理存在差异外，其他差异均不显著，说明不同水分处理对穗长尤其对百粒重影响不大；不同种植方式、水分处理的穗粒数的差异都很明显，表明不同土壤水分控制下限对其产生显著影响，且最终体现在产量上。宽垄沟灌相较于常规灌溉具有较好的蓄水保墒能力，三种水分处理均较常规灌溉少灌水 45mm，但穗粒数增加 18.41～32.40 粒/穗、增产率达到 2.75％～14.08％，平均产量增加 587.74kg/hm²，节水增产效果显著。

表 6-15　夏玉米产量及其构成因子

试验处理		产量构成因子				
		穗长/cm	穗粒数/(粒/穗)	百粒重/g	产量/(kg/hm²)	增产率/％
L-60	IFI	16.85	495.10	25.19	6547.95	2.75
	CFI	16.80	472.35	25.70	6372.95	
L-70	IFI	17.48	541.05	27.65	7853.39	10.88
	CFI	17.35	522.64	25.81	7082.62	
L-80	IFI	17.52	548.45	26.75	7701.33	14.08
	CFI	17.42	516.05	25.41	6883.87	

二、不同种植模式的冬小麦产量

对不同种植模式和水分处理的冬小麦产量及产量构成因子进行观测结果见表 6-16。可以看出，由于小麦、玉米宽垄沟灌具有沟、垄相间，在垄上种植作物的特殊性，使冬小麦每 hm² 的穗数低于常规种植模式，如 80％田间持水量水分处理较常规灌溉每 hm² 少34.96 万穗。也正是因为小麦、玉米宽垄沟灌将土壤平面变为波浪状，才使土壤与地表大气之间接触面积扩大的同时改大水漫灌为小水渗灌，并且改善了田间的通风透光条件，小麦发育健壮，从而有利于穗粒数和籽粒重的提高。相对而言，常规种植模式易导致通风透光条件差，田间郁蔽，个体间竞争力加强，从而导致穗粒数相对较少，且籽粒不够饱满。观察表 6-16 不难发现，相同水分处理下，宽垄沟灌的产量及其部分构成因子均高于常规灌溉，其中穗粒数较常规灌溉增加 1.93％～10.18％，籽粒重增加 8.54％～11.20％，最终产量提高 150.57～237.63kg/hm²。相同种植模式下，除冬小麦千粒重对水分变化不敏感，无明显变化趋势外，其他都是高水分控制下限处理的产量及其构成因子大于水分控制下限低的，以宽垄沟灌 80％田间持水量水分处理为对照，宽垄沟灌 70％田间持水量水分处理的穗数减少 5％，产量减少 5％，而宽垄沟灌 60％田间持水量水分处理穗数减少 12％，产量减少 25％。因此，无论哪种种植模式，水分控制下限定得太低都会严重抑制果穗发育，导致产量降低，这种以降低产量为代价的节水存在不合理性。70％田间持水量水分处理和 80％田间持水量水分处理的产量及其构成因子间存在一定差距，但都不显著，由此可知，过高的水分控制并不一定能提高产量。

表 6-16 冬小麦产量及其构成因子

试验处理		产量构成				产量/(kg/hm²)
		穗数/(10⁴穗/hm²)	穗粒数/粒	千粒重/g	籽粒重/(g/10株)	
L-60	IFI	491.91	45.25	39.05	18.45	6352.97
	CFI	495.14	41.07	38.53	16.59	6202.40
L-70	IFI	528.64	49.14	40.11	20.51	7589.96
	CFI	564.77	45.98	38.75	18.60	7352.33
L-80	IFI	553.31	49.29	40.09	20.56	7963.77
	CFI	588.27	48.36	37.62	18.94	7801.04

第九节 主要结论

本章通过大田试验和理论分析研究，得到主要成果如下。

(1)建立了宽垄沟灌的冬小麦、夏玉米株高、叶面积等生理生态特性与播后天数的函数关系。其中，夏玉米生育后期的株高和茎粗、冬小麦生育后期的株高、地面干物质积累与播后天数符合一元二次函数关系，夏玉米的灌浆进程与播后天数则呈线性关系。

(2)揭示了宽垄沟灌的夏玉米和冬小麦的生育期变化规律。与传统种植模式相比，夏玉米生育期延长了1~2d，冬小麦生育期延长了2~3d；随着灌溉水量的增加，夏玉米、冬小麦的生育周期分别延长4~6d和2~4d。

(3)探明了宽垄沟灌下的夏玉米、冬小麦株高、叶面积的生长特性。与传统种植相比，相同水分处理下，宽垄沟灌夏玉米、冬小麦叶面积有不同程度增长，绿叶高值持续期延长，利于作物制造更多的光合同化产物。同时，宽垄沟灌模式下，夏玉米的株高和基部茎粗都有所增长，但株高优势并不显著，不过冬小麦的株高则低于传统平作种植模式，有利于提高冬小麦的抗倒伏能力。

(4)相较于传统种植模式，宽垄沟灌为夏玉米的生长发育提供了更加稳定的水分供应，使灌浆速度得到了提高，最终籽粒重提高6.42%~11.70%。同时，宽垄沟灌改变了农田小气候，利于发挥小麦的边行优势，使得冬小麦单株籽粒重和最终干物重分差别增加4.31%~6.97%和2.47%~5.30%。

(5)确定了不同水分处理与冬小麦、夏玉米宽垄沟灌的作物产量及其构成因子的关系。发现不同水分处理对夏玉米穗长和百粒重影响微小，但对穗粒数和最终产量影响较大，70%田间持水量水分处理产量最优，达到7853.39kg/hm²；对于冬小麦，穗数、穗粒数、籽粒重及产量受水分控制下限影响较大，随着水分处理的提高，产量也在提高，但是80%田间持水量水分处理对70%田间持水量水分处理的优势并不显著。与传统种植模式相比，宽垄沟灌单季少灌45mm水量的同时，夏玉米增产175~817.45kg/hm²，冬小麦增产150.57~237.63kg/hm²。

第七章　宽垄沟灌作物需水特性与灌溉制度研究

第一节　试验与方法

　　试验于 2011~2013 年在华北水利水电大学河南省节水农业重点实验室农水试验场进行，试验设计与第五章试验一部分的相同。

　　测定项目主要包括：

　　(1)土壤水分：采用土钻取样烘干法测定播前、全生育期和收获后的土壤含水率，在冬小麦、夏玉米全生育周期内，每隔 5d 测定一次。其中沟灌在沟和垄上各取一个观测点；测定深度为 1m，每 20cm 一层，共 5 层。

　　(2)气象资料：观测降水量、空气湿度和饱和度、光照时长、辐射等因子。

　　试验场内气象观测站如图 7-1 所示。

图 7-1　试验场内气象观测站

第二节 不同种植模式的作物需水量

作物需水量(ET)是指作物在任一土壤水分条件下的植株蒸腾量、棵间蒸发量以及构成植株体的水量之和。作物需水量受作物品种、栽培条件、生育阶段及气象条件等因素的影响较大,在某些因素一定的条件下,需水量的大小与亏缺程度和水分亏缺时期密切相关,充分供水条件下的需水量最大,随着水分亏缺的增加,需水量减少。由于其影响因素多且复杂,目前尚难从理论上对作物需水量进行精确的计算,最可靠的方法是进行田间试验。

到目前为止,通常采用一些经验公式计算得出作物需水量近似值,本章引用的作物耗水量计算公式为

$$ET_{1\text{-}2} = 10\sum_{1}^{n} \gamma_i H_i (\theta_{i2} - \theta_{i1}) + I + P_0 + K \tag{7-1}$$

式中,$ET_{1\text{-}2}$ 为两阶段间作物耗水量,mm;i 为土壤分层层数;n 为土壤分层总数;γ_i 为第 i 层土壤干容重,g/cm³;H_i 为第 i 层土壤厚度,cm;θ_{i2} 为第 i 层土壤时段末的含水率,%;θ_{i1} 为第 i 层土壤时段初的含水率,%;I 为某一时段灌水量,mm;P_0 为某一时段有效降水量,mm;K 为某一时段的地下水补给量,mm;由于试验场内地下水埋深在 5m 以下,故地下水补给量可视为 0。

一、有效降水量计算

图 7-2 为 2012 年 6 月～2013 年 6 月华北水利水电大学河南省节水农业重点实验室降水量资料。可以看出,实验室降水量分布很不均匀,大部分降雨集中在 7、8 月份。2012 年 6 月～2013 年 6 月郑州地区的总降水量为 598.8mm。冬小麦整个生育期的降水量为 205.2mm,夏玉米从播种到收获期间的降水量为 328.8mm。

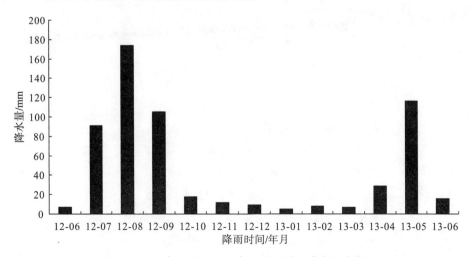

图 7-2　2012 年 6 月～2013 年 6 月试验田降水量变化图

计算作物耗水量的公式中所引用的为有效降水量，指自然降雨的有效利用量。本章有效降水量(P_0)指蓄存在土壤计划湿润层内可供作物利用的雨量。在计算时，采用降雨的有效利用系数来计算有效降水量，计算公式为

$$P_0 = \sigma P \tag{7-2}$$

式中，σ 为降雨有效系数，其值与一次的降水量、降雨的延续时间、降雨的强度、土壤的性质以及地形等因素有关，一般取值见表 7-1。

表 7-1   降雨有效利用系数 σ 值

降水量/mm	<5	5~50	50~100	100~150	150~200
σ	0	1.0	0.8	0.75	0.7

通过对 2012 年 6 月~2013 年 6 月华北水利水电大学河南省节水农业重点实验室的降雨资料的综合分析，得出这段时间内的有效降水量为 494.68mm。其中小麦生育期有效降水量为 151.9mm，玉米生育期有效降水量为 282.78mm。

二、参考作物蒸发蒸腾量的计算

相关研究表明，采用 FAO 最新修正并推荐的 Penman-Monteith 公式估算参考作物需水量 ET_0 可取得较为理想的结果。计算 ET_0 的 Penman-Monteith 公式为

$$ET_0 = \frac{0.408\Delta(R_n - G) + \gamma\dfrac{900}{T+273}u_2(e_s - e_a)}{\Delta + \gamma(1 + 0.34u_2)} \tag{7-3}$$

式中，ET_0 为参考作物蒸发蒸腾量，mm/d；Δ 为温度与饱和水汽压关系曲线上的斜率，kPa/℃；R_n 为太阳净辐射量，MJ/(m²·d)；G 为土壤热通量，MJ/(m²·d)；γ 为湿度计常数，kPa/℃；T 为计算时段内平均气温，℃；u_2 为距地面 2m 高处的平均风速，m/s；e_a 为饱和水气压，kPa；e_s 为实际水气压，kPa。

式(7-3)中各参数计算公式如下：

$$\Delta = \frac{4098e_a}{(T+237.3)^2} \tag{7-4}$$

$$e_a = 0.611\exp\left(\frac{17.27T}{T+237.3}\right) \tag{7-5}$$

$$R_n = R_{ns} - R_{nl} \tag{7-6}$$

$$R_{ns} = 0.77(0.25 + 0.5n/N)R_a \tag{7-7}$$

$$N = 7.46W_s \tag{7-8}$$

$$W_s = \arccos(-\tan\psi\tan\delta) \tag{7-9}$$

$$\delta = 0.409\sin(0.0172J - 1.39) \tag{7-10}$$

$$R_a = 37.6d_r(W_s\sin\psi\sin\delta + \cos\psi\cos\delta\sin W_s) \tag{7-11}$$

$$d_r = 1 + 0.033\cos(0.0172J) \tag{7-12}$$

$$R_{nl} = 2.45\times10^{-9}(0.9n/N + 0.1)(0.34 - 0.14\sqrt{e_d})(T_{kx}^4 + T_{kn}^4) \tag{7-13}$$

$$e_d = \frac{e_d(T_{\min}) + e_d(T_{\max})}{2} = \frac{1}{2}e_a(T_{\min}) \cdot \frac{RH_{\max}}{100} + \frac{1}{2}e_a(T_{\max}) \cdot \frac{RH_{\min}}{100} \quad (7\text{-}14)$$

式中，R_{ns} 为净短波辐射，$MJ/(m^2 \cdot d)$；R_{nl} 为净长波辐射，$MJ/(m^2 \cdot d)$；n 为实际日照时数，h；N 为最大可能日照时数，h；W_s 为日照时数角，rad；ψ 为地理纬度，rad；δ 为日倾角(太阳磁偏角)，rad；J 为日序数(元月 1 日为 1，逐日累加)；R_a 为大气边缘太阳辐射，$MJ/(m^2 \cdot d)$；d_r 为日地相对距离；e_d 为实际水汽压，kPa；$RH_{\max}$ 为日最大相对湿度，$\%$；$T_{\min}$ 为日最低气温，$℃$；$e_a(T_{\min})$ 为 $T_{\min}$ 时饱和水汽压，kPa，可将 $T_{\min}$ 代入式(7-5)求得；$e_d(T_{\min})$ 为 $T_{\min}$ 时实际水汽压，kPa；$RH_{\min}$ 为日最小相对湿度，$\%$；$T_{\max}$ 为日最高气温，$℃$；$e_a(T_{\max})$ 为 $T_{\max}$ 时饱和水汽压，kPa，可将 $T_{\max}$ 代入式(7-5)求得；$e_d(T_{\max})$ 为 $T_{\max}$ 时实际水汽压，kPa。

若资料不符合式(7-14)要求或计算较长时段 ET_0，也可以采用以下公式计算 e_d，即

$$e_d = \frac{RH_{mean}}{100}\left[\frac{e_a(T_{\min}) + e_a(T_{\max})}{2}\right] \quad (7\text{-}15)$$

式中，RH_{mean} 为平均相对湿度，$\%$，其计算公式为

$$RH_{mean} = \frac{RH_{\max} + RH_{\min}}{2} \quad (7\text{-}16)$$

在最低气温等于或十分接近露点温度时，也可采用以下公式计算 e_d，即

$$e_d = 0.611\exp\left(\frac{17.27T_{\min}}{T_{\min} + 237.3}\right) \quad (7\text{-}17)$$

$$T_{kx} = T_{\max} + 273 \quad (7\text{-}18)$$

$$T_{kn} = T_{\min} + 273 \quad (7\text{-}19)$$

式中，T_{kx} 为最高热力学温度，K；T_{kn} 为最低热力学温度，K。

国内外许多学者研究认为，相较于其他方法计算的 e_d，采用式(7-14)逐日计算 e_d 最佳，出现误差较小。

对于逐日估算 ET_0，第 d 日土壤热通量为

$$G = 0.38(T_d - T_{d-1}) \quad (7\text{-}20)$$

对于按月份估算 ET_0，第 m 月土壤热通量为

$$G = 0.14(T_m - T_{m-1}) \quad (7\text{-}21)$$

式中，T_d、T_{d-1} 分别为第 d、$d-1$ 日气温，$℃$；T_m、T_{m-1} 分别为第 m、$m-1$ 月平均气温，$℃$。

$$\gamma = 0.00163P/\lambda \quad (7\text{-}22)$$

式中，P 为气压，kPa。

$$P = 101.3\left(\frac{293 - 0.0065Z}{293}\right)^{5.26} \quad (7\text{-}23)$$

式中，Z 为计算地点海拔高程，m。

$$\lambda = 2.501 - (2.361 \times 10^{-3})T \quad (7\text{-}24)$$

$$u_2 = 4.87u_h/\ln(67.8h - 5.42) \quad (7\text{-}25)$$

式中，h 为风速高度，m；u_h 为实际风速，m/s。

根据气象资料计算得出试验场内 2012～2013 年冬小麦、夏玉米一个生育周年内平均

ET_0 为 3.24mm/d，ET_0 值见表 7-2。

表 7-2 2012~2013 年冬小麦、夏玉米一个生育周年内 ET_0 值 （单位：mm）

年份	月份	上旬	中旬	下旬	月总	日均
2012 年	6 月	58.2	71.8	49.1	179.1	6.0
	7 月	44.0	59.0	77.2	180.2	5.8
	8 月	46.0	40.1	44.0	130.1	4.2
	9 月	37.1	39.0	31.2	107.4	3.6
	10 月	31.8	31.2	28.1	91.2	2.9
	11 月	24.2	21.5	18.5	64.2	2.1
	12 月	16.3	8.5	16.2	41.0	1.3
2013 年	1 月	10.1	8.1	11.8	30.1	1.0
	2 月	11.2	16.2	11.2	38.6	1.4
	3 月	36.4	25.4	32.5	94.3	3.0
	4 月	45.8	55.7	48.5	150.0	5.0
	5 月	42.4	63.9	43.8	150.1	4.8
	6 月	49.9	61.0	55.3	166.2	5.5

三、不同种植模式的作物系数

作物系数作为计算农田作物蒸发蒸腾量和确定田间灌水量的重要参数之一，是实际作物需水量与参照作物需水量之间差异的表现，同时反映了作物种类、本身的生物学特性、土壤水肥状况以及田间管理水平对作物需水量的影响。正确把握作物各阶段的作物系数，就可通过参照作物需水量求出不同生育阶段的作物实际蒸发蒸腾量。作物需水量可用作物系数法计算求得，即

$$K_c = \frac{ET_0}{ET_c} \tag{7-26}$$

式中，ET_c 为作物潜在蒸发蒸腾量；ET_0、K_c 分别为参考蒸发蒸腾量和作物系数。

（一）利用实测资料计算作物蒸发蒸腾发量与作物系数

利用水量平衡方法计算冬小麦、夏玉米生育周年内作物的实测蒸发蒸腾量，并与作物的参考作物蒸发蒸腾量进行对比，在图 7-3、图 7-4 中，图（a）均为参考作物蒸发蒸腾量和实际蒸发蒸腾量对比图，其中实线为采用试验站气象资料用 Penman-Monteith 方法计算的参考作物蒸发蒸腾量，数据点为不同水分处理的实测蒸发蒸腾量；图（b）中，实线为郑州地区多年平均作物系数变化过程，数据点为实测作物蒸发蒸腾量与参考作物蒸发蒸腾量的比值，即由实测资料计算的作物系数值。

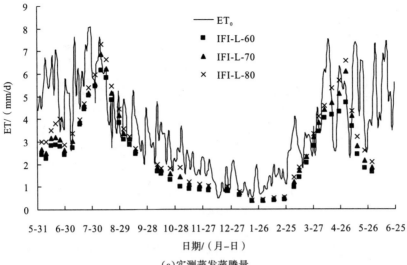

（a）实测蒸发蒸腾量

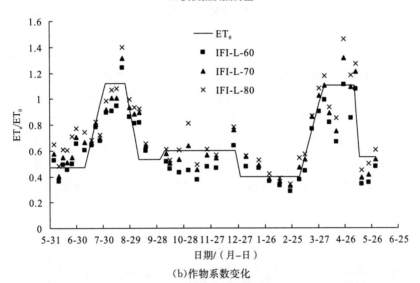

（b）作物系数变化

图 7-3　宽垄沟灌小麦、玉米生育周年内实测蒸发蒸腾量、作物系数的变化过程

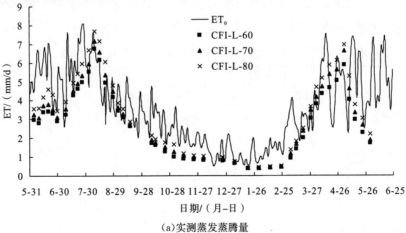

（a）实测蒸发蒸腾量

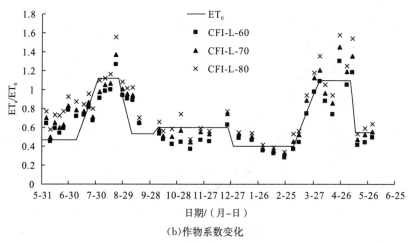

(b)作物系数变化

图 7-4　常规沟灌小麦、玉米生育周年内实测蒸发蒸腾量、作物系数的变化过程

从图 7-3、图 7-4 可以看出,由土壤水分观测数据计算出的作物系数变化过程与郑州地区多年平均作物系数变化过程基本一致。夏玉米在抽雄期和灌浆期实际蒸发蒸腾量最大,作物系数大于夏玉米的其他生长阶段;在冬小麦越冬期,表层土壤冻结,作物处于休眠状态,实际蒸发蒸腾量较小,作物系数小于冬小麦的其他生长阶段。进一步分析可知,无论哪种种植模式,水分控制下限越高,实测蒸发蒸腾量越高,作物系数越大。相同水分处理时,夏玉米生育期内,常规灌溉处理的实测蒸发蒸腾量都大于宽垄沟灌;在冬小麦生育前期,宽垄沟灌处理的实测蒸发蒸腾量大于常规灌溉,作物系数也大于常规灌溉,到拔节期以后,常规灌溉处理的大于宽垄沟灌处理,这主要由于冬小麦叶片生长速度在拔节期开始加快,而常规种植模式小麦种植密度较大,使作物蒸腾作用加强,从而实测蒸发蒸腾量和作物系数较宽垄沟灌处理高。

(二)作物需水量计算值与实测值的比较

根据郑州市多年平均作物系数和用 Penman-Monteith 方法计算的参考作物需水量,对 70%田间持水量水分处理的冬小麦、夏玉米作物需水量进行了计算,并就两种作物需水量的计算结果与实测值进行了对比分析,表 7-3 给出了 70%田间持水量水分处理冬小麦、夏玉米各生育阶段的作物需水量计算值与实测值之间的绝对偏差和相对误差。

表 7-3　70%田间持水量水分处理作物需水量计算值与实测值比较

作物	生育期	宽垄沟灌				常规灌溉			
		实测值	计算值	ΔET	$R/\%$	实测值	计算值	ΔET	$R/\%$
玉米	播种—出苗	20.56	21.99	1.43	6.98	25.20	21.99	-3.21	-12.72
	苗期—拔节	87.58	89.72	2.14	2.44	106.50	89.72	-16.78	-15.76
	拔节—抽雄	91.40	88.02	-3.38	-3.70	98.40	88.02	-10.38	-10.55
	抽雄—灌浆	81.51	84.78	3.27	4.02	79.44	84.78	5.34	6.73
	灌浆—成熟	117.44	121.42	3.98	3.39	129.60	121.42	-8.18	-6.31
	全生育期	398.49	405.93	7.44	1.87	439.14	405.93	-33.21	-7.56

续表

作物	生育期	宽垄沟灌				常规灌溉			
		实测值	计算值	ΔET	R/%	实测值	计算值	ΔET	R/%
小麦	播种－出苗	30.40	31.74	1.34	4.40	29.07	31.74	2.67	9.18
	出苗－越冬	59.94	57.83	−2.11	−3.52	58.32	57.83	−0.49	−0.84
	越冬－返青	30.38	33.76	3.38	11.13	30.26	33.76	3.50	11.58
	返青－拔节	32.97	27.55	−5.42	−16.43	31.30	27.55	−3.75	−11.97
	拔节－抽穗	93.96	104.96	11.00	11.71	105.85	105.96	0.11	0.11
	抽穗－灌浆	89.49	100.66	11.17	12.48	97.20	100.66	3.46	3.56
	灌浆－成熟	61.10	73.44	12.34	20.19	72.75	73.44	0.69	0.94
	全生育期	398.24	429.95	31.71	7.96	424.75	430.95	6.20	1.46

从表 7-3 可以看出，夏玉米的全生育期总需水量的计算值与实测值存在差异，但相对误差不大，均小于 10%。宽垄沟灌处理总需水量的实测值与计算值更接近，相对误差仅为 1.87%，而常规灌溉处理的相对误差为−7.56%。在夏玉米的各生育阶段，宽垄沟灌处理的绝对偏差均小于常规灌溉，其中苗期－拔节期两种种植方式的绝对偏差的差异最大，宽垄沟灌处理的绝对偏差为 2.14，相对误差为 2.44%，常规灌溉处理的绝对偏差为−16.78，相对误差为−15.76%。主要由于这一时期气温较高，且常规灌溉处理土壤与空气接触面积大，表层土壤蒸发量较宽垄沟灌处理多，导致实际耗水量更高。以上分析说明，两种种植方式在缺乏土壤水分观测资料的情况下，除在生育旺盛期耗水量差异较大外，其他时期，参照郑州地区多年平均作物系数计算作物需水量是可行的，并且宽垄沟灌处理作物需水量的计算值与实测值更接近，参照性更强。

分析冬小麦各生育阶段的耗水量计算值和实测值可知，无论哪种种植方式，在冬小麦生育前期的绝对偏差都较小；生育后期，两种种植方式的计算值都较实测值高，其中常规灌溉处理偏高的趋势不显著，绝对偏差和相对误差都不明显，相较而言，宽垄沟灌处理在灌浆－成熟期绝对偏差较大，达到 12.34mm，相对误差达到 20.19%。进一步分析可知，拔节－抽穗期正是冬小麦营养生长旺盛时期，叶片迅速，抽穗－灌浆期以及灌浆－成熟期的前期，冬小麦都保持着较高绿叶面积，作物需水量以植株蒸腾为主，但宽垄沟灌处理的种植密度较常规灌溉处理小，即使宽垄沟灌处理的单株叶面积较常规灌溉大，也不能抵消常规灌溉处理高种植密度对蒸腾量的增益作用。最终，常规灌溉处理的冬小麦全生育期计算作物需水量值与实测值更为接近，但宽垄沟灌处理全生育期耗水量的实测值与计算值的相对误差也小于 10%，在制定作物灌溉制度时，具有较强参照性。

第三节 不同种植模式的作物耗水规律

一、不同种植模式的夏玉米耗水规律

（一）不同生育期的夏玉米耗水规律

将夏玉米的生育期划分为播种－出苗、出苗－拔节、拔节－抽雄、抽雄－灌浆、灌浆－成熟五个时期，表7-4为夏玉米各生育期耗水量及模系数。可以看出，在夏玉米全生育期内各阶段耗水量变化较大，但各处理表现出相同的规律性，灌浆－成熟期耗水量最多，其次是拔节－抽雄期，两个阶段的耗水量约占夏玉米总耗水的50％；播种－出苗阶段，耗水量最少，只占4.60％~6.64％。全生育期来看，常规种植模式各水分处理的耗水量比宽垄种植模式增加39.5~43.67mm，但是单纯从总体耗水量来看，不能反映各时期耗水量差异。进一步分析发现，除70％田间持水量水分处理条件下，宽垄沟灌在抽雄－灌浆期的耗水量大于常规灌溉之外，其他相同水分处理下，常规灌溉在各时期的耗水量均高于宽垄沟灌，不过在抽雄－灌浆期两者耗水量差异不大。主要由于常规灌溉的垄沟与空气接触表面较大，即使在夏玉米发育最旺盛、叶面积最大的时期，高温也造成很强的土面蒸发，但是在生育旺盛期，宽垄沟灌的蒸腾量大于常规灌溉，削弱了两种种植模式在该时期耗水量的差异。相同种植模式下，水分处理越高，耗水量越大。以宽垄沟灌为例，80％田间持水量水分处理在夏玉米整个生育周期内的耗水量分别比70％田间持水量水分处理和60％田间持水量水分处理增加44.14mm和92.97mm。水分处理越高，棵间蒸发量就越大，同时，由于拥有充足的水分，高水分条件下的夏玉米长势更好，这就加大了作物的蒸腾量，最终导致不同水分处理耗水量的显著差异。

表 7-4 夏玉米不同生育期耗水量及模系数

试验处理		各时期耗水量(mm)及模系数(％)					
		播种－出苗期	苗期－拔节期	拔节－抽雄期	抽雄－灌浆期	灌浆－成熟期	全生育期
L-60	IFI	18.64	79.17	84.74	65.12	101.99	349.66
		5.33	22.64	24.23	18.62	29.17	100.00
	CFI	25.83	94.83	88.35	67.65	112.5	389.16
		6.64	24.37	22.70	17.38	28.91	100.00
L-70	IFI	20.56	87.58	91.4	81.51	117.44	398.49
		5.16	21.98	22.94	20.45	29.47	100.00
	CFI	25.2	106.5	98.4	79.44	129.6	439.14
		5.74	24.25	22.41	18.09	29.51	100.00

续表

试验处理		各时期耗水量(mm)及模系数(%)					
		播种－出苗期	苗期－拔节期	拔节－抽雄期	抽雄－灌浆期	灌浆－成熟期	全生育期
L-80	IFI	20.37	104.78	98.28	87.62	131.58	442.63
		4.60	23.67	22.20	19.80	29.73	100.00
	CFI	24.29	122.45	109	88.44	142.12	486.3
		4.99	25.18	22.41	18.19	29.22	100.00

（二）不同生育期的夏玉米日耗水规律

图 7-5 为夏玉米不同生育期日耗水量变化图。可以看出，夏玉米不同生育期的日耗水强度差异较大。

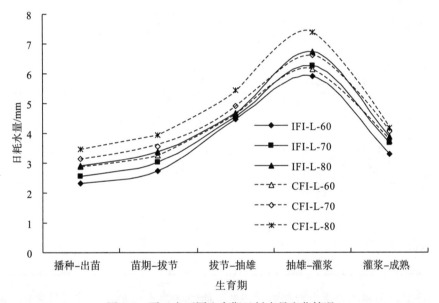

图 7-5　夏玉米不同生育期日耗水量变化情况

由图 7-5 可知，播种－出苗期，耗水量取决于土面蒸发，由于该时期天气晴好，各处理耗水量达到 2.33～3.47mm/d；出苗之后，作物有了蒸腾损失，在拔节之前，耗水仍以蒸发为主，耗水量增长不明显；进入拔节期后，植株生长加快，夏玉米的日耗水量逐渐增大，在抽雄－灌浆期达到峰值 5.92～7.37mm/d，宽垄沟灌的日耗水量略低于常规灌溉；灌浆开始之后，随着夏玉米绿叶的减小，蒸腾作用减弱，各处理日耗水量均开始减少，但相较于宽垄沟灌，常规灌溉的棵间蒸发量明显更大，最终的日耗水量比宽垄沟灌高出 8.01%～13.98%。对于同种种植模式，夏玉米各生育期的日耗水量随着水分控制下限的提高明显增大，在播种－出苗和抽雄－灌浆两个时期差异尤为明显，主要是这两个时期分别以土面蒸发和植株蒸腾为主，充足的土壤水分更有利于蒸腾蒸发。

二、不同种植模式冬小麦耗水规律

（一）不同生育期的冬小麦耗水规律

根据冬小麦全生育期内的生育动态，将生育期划分为：播种－出苗、出苗－越冬、越冬－返青、返青－拔节、拔节－抽穗、抽穗－灌浆和灌浆－成熟七个生育时期。通过计算将冬小麦各时期耗水量和模系数汇总结果见表7-5。

表7-5　冬小麦不同生育期耗水量及模系数

试验处理		各时期耗水量(mm)及模系数(%)							
		播种－出苗期	出苗－越冬期	越冬－返青期	返青－拔节期	拔节－抽穗期	抽穗－灌浆期	灌浆－成熟期	全生育期
L-60	IFI	24.7	49.68	26.04	25.65	82.6	75.24	54	337.91
		7.31	14.70	7.71	7.59	24.44	22.27	15.98	100.00
	CFI	24.13	48.6	26.04	25.27	86.4	88.73	65	364.17
		6.63	13.35	7.15	6.94	23.73	24.36	17.85	100.00
L-70	IFI	30.4	59.94	30.38	32.97	93.96	89.49	61.1	398.24
		7.63	15.05	7.63	8.28	23.59	22.47	15.34	100.00
	CFI	29.07	58.32	30.256	31.3	105.85	97.2	72.75	424.746
		6.84	13.73	7.12	7.37	24.92	22.88	17.13	100.00
L-80	IFI	34.77	65.34	31.434	37.048	95.2	107	72.8	443.592
		7.84	14.73	7.09	8.35	21.46	24.12	16.41	100.00
	CFI	33.44	62.64	31	35.28	113.68	111.72	87.75	475.51
		7.03	13.17	6.52	7.42	23.91	23.49	18.45	100.00

可以看出，在冬小麦全生育期内，拔节－抽穗期耗水量最多，其次是抽穗－灌浆期，这两个生育时期占冬小麦整个生育期耗水量的45.58%～48.09%，是冬小麦生长发育的关键时期，主要由于拔节－抽穗期作物营养生长速度加快，株高递增，叶面积迅速扩大，使耗水量加大，抽穗－灌浆期作物营养生长向生殖生长转移，需要更多的水分来供应叶、茎及果穗的发育，植株蒸腾量大大增加。越冬－返青期耗水量最小，仅占全生育期耗水量的6.52%～7.71%。从整个生育期来看，同一水分处理下，常规灌溉的耗水量大于宽垄沟灌处理，其中60%田间持水量水分处理、70%田间持水量水分处理、80%田间持水量水分处理分别较宽垄沟灌处理多26.26mm、26.51mm、31.92mm。

种植模式相同时，水分控制下限越高的处理，耗水量越大，其中宽垄沟灌下，80%田间持水量水分处理比60%田间持水量水分处理、70%田间持水量水分处理的全生育期耗水量增加45.35～105.68mm。究其原因为，在生育前期，作物耗水量以土面蒸发为主，80%田间持水量水分处理田块土面蒸发量大；生育后期，耗水量以作物蒸腾为主，80%田间持水量水分处理水分充足，促进作物旺盛发育，株高、叶面积都高于其他两种水分处理，加剧了小麦的蒸腾作用。

（二）不同生育期的冬小麦日耗水规律

图 7-6 为按生育期计算的冬小麦日耗水量变化过程。可以看出，冬小麦不同生育期的日耗水强度差异很大，播种－出苗期，随着气温的降低，耗水量逐渐减少，出苗－越冬期植株矮小，生长缓慢，日耗水量持续下降，在越冬－返青期日耗水量降到最低值，返青后，随着气温回升，植株生长加快，日耗水量才逐渐增加，并在抽穗－灌浆期达到峰值，此后绿叶面积减小，冬小麦日耗水量又开始降低。

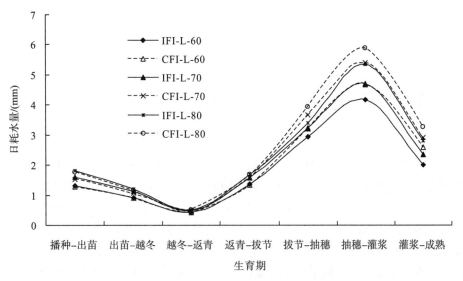

图 7-6　冬小麦不同生育期日耗水量变化情况

从相同种植模式不同水分处理来看，播种－返青期不同水分处理的日耗水量差异不显著，返青－拔节期开始，80％田间持水量水分处理的日耗水量明显大于 60％田间持水量水分处理和 70％田间持水量水分处理，并且水分控制下限越低差异越显著，这说明冬小麦的日耗水量随着水分控制下限的提高而增加。同一水分处理下，两种种植模式在拔节期以前的日耗水强度变化趋势相同，并且耗水量相近，拔节期以后常规灌溉的时期日耗水量均大于宽垄沟灌。分析可知，拔节期以后，冬小麦叶片生长速度加快，并在抽穗期左右达到峰值，进入灌浆期后小麦仍保有较多的叶面积，这使得冬小麦蒸腾作用大大加强，与此同时，叶片遮蔽使土面蒸发减少，作物耗水量以蒸腾为主。常规灌溉处理小麦的种植密度高于宽垄沟灌，虽然宽垄沟灌处理的单株叶面积略高于常规灌溉处理，但也不能抵消常规灌溉的高种植密度对作物蒸腾的增益作用，因此，常规灌溉在拔节－抽穗、抽穗－灌浆期日耗水量均大于宽垄沟灌。

第四节　不同种植模式的作物水分生产效率

水分利用效率（WUE）指每消耗 $1m^3$ 水所能生产的籽粒产量，即 WUE=Y/ET。为评价宽垄沟灌栽培模式节水效果和产生的经济效益，本节对夏玉米、冬小麦的水分利用效率进行研究。

一、夏玉米水分生产效率

夏玉米的水分利用效率的计算结果如表 7-6 所示。

表 7-6 夏玉米的水分生产效率

试验处理		产量 /(kg/hm²)	耗水量 /(m³/hm²)	WUE /(kg/m³)	WUE 增长率	平均 WUE /(kg/m³)
L-60	IFI	6547.95	3496.59	1.87	14.25%	1.76
	CFI	6372.95	3888.07	1.64		
L-70	IFI	7853.39	3986.41	1.97	22.13%	1.79
	CFI	7082.62	4390.63	1.61		
L-80	IFI	7701.33	4426.15	1.74	23.03%	1.58
	CFI	6883.87	4867.54	1.41		

从表 7-6 中可以看出，随着水分控制下限的提高，两种种植模式夏玉米水分生产效率呈先增加后减少的趋势，六个处理中宽垄沟灌 70％田间持水量水分处理的水分生产效率最高，常规灌溉 80％田间持水量水分处理最低。在同一种植模式下，虽然 60％田间持水量水分处理的平均水分生产效率与 70％田间持水量水分处理相差不大，却比 70％田间持水量水分处理减产 709.67~1305.44kg/hm²；70％田间持水量水分处理的产量略高于80％田间持水量水分处理，但平均耗水量比 80％田间持水量水分处理减少 458.32m³/hm²，平均水分生产效率比 80％田间持水量水分处理提高 13.60％。上述分析说明，对于同种种植模式，70％田间持水量水分处理在保证产量的同时降低灌水量，提高了水分生产效率，优于其他水分处理。与常规沟灌种植相比，小麦、玉米宽垄种植改善了作物生长环境，更好地保证了夏玉米各器官的生长发育，使得水分利用效率提高 14.25％~23.03％。

二、冬小麦水分生产效率

表 7-7 为冬小麦的水分利用效率的计算结果。从表 7-7 可以看出，在相同水分处理下，宽垄沟灌的水分生产效率高于常规灌溉，尤其是 60％田间持水量水分处理、70％田间持水量水分处理较常规灌溉的增长 10％以上。高的水分生产效率与小麦、玉米宽垄种植模式的独特之处密不可分，宽垄种植模式灌水在垄沟内进行，灌水速度显著提高，沟内水分沿沟向两侧垄体渗透，水分蒸发主要在垄沟进行，有效减少了土壤水分蒸发，相较于大水漫灌节水效果显著。

表 7-7　冬小麦的水分生产效率

试验处理		产量 /(kg/hm²)	耗水量 /(m³/hm²)	WUE /(kg/m³)	WUE 增长率	平均 WUE /(kg/m³)
L-60	IFI	6352.97	3379.12	1.88	10.39%	1.79
	CFI	6202.40	3641.74	1.70		
L-70	IFI	7589.96	3982.38	1.91	10.10%	1.82
	CFI	7352.33	4247.46	1.73		
L-80	IFI	7963.77	4435.92	1.80	9.43%	1.72
	CFI	7801.04	4755.06	1.64		

三种水分处理中，70%田间持水量水分处理的平均水分生产效率最高，60%田间持水量水分处理次之，80%田间持水量水分处理最低。60%田间持水量水分处理虽然水分生产效率较高，但产量较低，这样以低产为代价的节水是不合理的；80%田间持水量水分处理的产量是三种水分控制下限处理中最高的，但其耗水量过大，导致水分生产效率低，这样的高产存在作物奢侈生长和用水浪费现象，也是不合理的；相比较而言，70%田间持水量水分处理的产量较高，耗水量适度，水分生产效率最高，是适合冬小麦实现节水高产的水分处理。

第五节　不同种植模式下作物水分生产函数

研究灌溉水的最优分配问题，必须要定量全生育期内作物对灌溉水的响应，即建立作物水分生产函数，这样才能保证当水资源充足时，按作物的最优需水量供水，以求得最大的产量；当水资源不足时，按整个灌区的总效益最大供水，将试区水资源进行优化分配。水分生产函数主要分为两大类：一是作物生育期总耗水量与产量的关系，多用于灌区经济分析，以确定各种作物的灌溉定额和灌溉面积；二是各生育阶段耗水量和作物产量的关系，多用于某一种作物灌溉定额在全生育期内的优化分配，以确定最优的灌水定额和灌水时间。

一、作物产量与全生育期耗水量的关系

目前，多采用二次函数关系来表示作物生育期耗水量与产量的关系：

$$Y = a\mathrm{ET}^2 + b\mathrm{ET} + c \tag{7-27}$$

式中，Y 为作物产量，kg/hm²；ET 为作物全生育期耗水量，mm；a、b、c 分别为回归系数。

作物的最大产量出现在 $dY/d\mathrm{ET}=0$ 处，定义该处的用水量值为 ET_{max}，代入式(7-27)，则 $\mathrm{ET}_{max} = -b/(2a)$。

根据夏玉米和冬小麦的田间试验实测资料，分别点绘出常规种植模式和宽垄种植模式产量与全生育期耗水量的关系图，见图 7-7～图 7-10。可以看出，两者呈现出相关程度

较高的抛物线关系。可将关系曲线划分为三个阶段：第一阶段是产量随耗水量的增加而
迅速增长阶段；第二阶段是产量随耗水量的增加缓慢增长阶段，该阶段曲线到达顶点；
第三阶段顶点过后，产量随着耗水量的提高呈现负增长。夏玉米产量呈现的变化规律与
作物的土壤水分环境密切相关，土壤水分过低时，因不能满足作物生理需水，生长受到
抑制而减产；土壤水分过高时，使土壤通气性不良，深层渗漏量增加，导致养分大量流
失，造成减产。

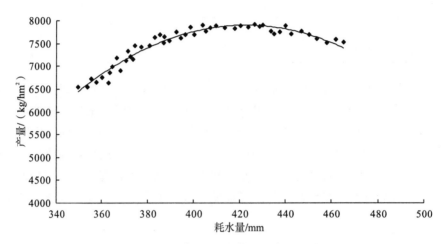

图 7-7　宽垄沟灌夏玉米耗水量与产量的关系图

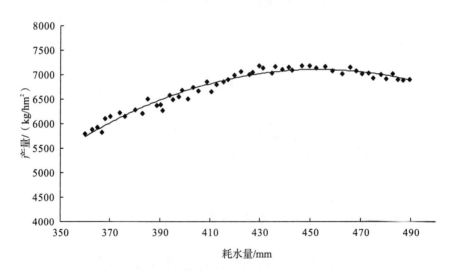

图 7-8　常规种植模式夏玉米耗水量与产量的关系图

常规模式夏玉米的水分生产函数关系式为

$$Y = -0.1579ET^2 + 143.03ET - 25291, \quad R^2 = 0.9568 \tag{7-28}$$

宽垄种植模式夏玉米的水分生产函数关系式为

$$Y = -0.274ET^2 + 231.58ET - 41208, \quad R^2 = 0.9435 \tag{7-29}$$

由式(7-29)计算得到宽垄沟灌夏玉米在取得最大产量 7723.84kg/hm² 时的耗水量为
422.59mm；由式(7-28)计算得到常规种植模式夏玉米在取得最大产量 7099.094kg/hm²

时的耗水量为 452.91mm。与常规种植模式相比，宽垄沟灌在节水 30.32mm 的情况下，夏玉米产量提高 624.75kg/hm²。这说明小麦、玉米宽垄沟灌能够实现夏玉米节水高产。

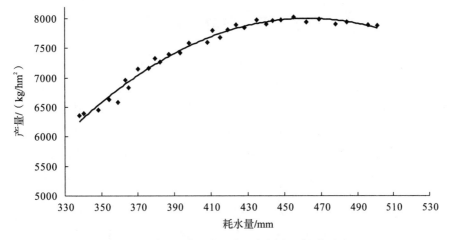

图 7-9　宽垄沟灌冬小麦产量与耗水量的关系图

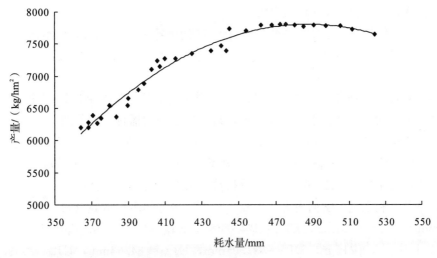

图 7-10　常规种植模式冬小麦产量与耗水量的关系图

常规模式冬小麦的水分生产函数关系式为

$$Y = -0.1116\text{ET}^2 + 108.78\text{ET} - 18719, \quad R^2 = 0.9748 \tag{7-30}$$

宽垄种植模式冬小麦的水分生产函数关系式为

$$Y = -0.1122\text{ET}^2 + 103.81\text{ET} - 16016, \quad R^2 = 0.983 \tag{7-31}$$

由图 7-9 和图 7-10 可见，两种种植模式冬小麦产量与耗水量的关系曲线也划分为三个阶段：第一阶段是产量随耗水量的增加而迅速增长阶段；第二阶段是产量随耗水量的增加缓慢增长阶段，该阶段曲线到达顶点；第三阶段顶点过后，耗水量增加产量出现下降趋势。由式(7-31)计算得到宽垄沟灌冬小麦耗水量为 462.61mm 时，产量达到最大值 7995.85kg/hm²；由式(7-30)计算得到常规种植模式冬小麦耗水量为 487.37mm 时，产量达到最大值 7788.82kg/hm²。与常规种植模式相比，宽垄沟灌在节水 24.76mm 的情况下，冬小麦产量提高 207.03kg/hm^2。说明小麦、玉米宽垄沟灌能够实现冬小麦的节水高产。

二、宽垄沟灌冬小麦、夏玉米各阶段敏感指数

国内外大量研究结果表明，灌水的时间与灌水总量对作物最终产量的影响同样重要，并且在需水关键期因水分亏缺造成产量的损失，很难从后期的水分补偿得到恢复。水分生产函数模型可以描述产量对灌溉水量的响应。常用的水分生产函数模型可分为两类：相加模型和相乘模型。相加模型把各生育阶段出现的水分亏缺对产量的影响看成孤立的，主要有 Blank 模型、Singh 模型等；相乘模型能够表示出各阶段缺水是相互联系的客观现象。试验选用相乘模型。相乘模型中采用最普遍的是 Jensen 模型，公式如下：

$$\frac{Y}{Y_m} = \prod_{i=1}^{n} \left(\frac{ET_i}{ET_{mi}}\right)^{\lambda_i} \tag{7-32}$$

式中，Y、Y_m 为非充分供水及充分供水条件下的作物产量，kg/hm^2；ET_i、ET_{mi} 为与 Y、Y_m 相对应的阶段蒸发蒸腾量，mm；i 为作物生长期生长阶段编号；n 为作物生育阶段数；λ_i 为作物第 i 阶段的水分敏感指数。

λ_i 反映的是作物第 i 阶段因缺水而影响产量的敏感程度，λ_i 越大，表示该阶段缺水对作物的影响就越大，产量降低得也就越多；反之 λ_i 越小，表示这一阶段缺水对产量的影响越小。

敏感指数反映作物各生育阶段欠缺水量与产量的关系，是一个连续变化的过程。综合考虑各方面因素，并结合本章试验资料，夏玉米划分为播种－拔节期、拔节－抽雄期、抽雄－灌浆期和灌浆－成熟期四个阶段，冬小麦生育期划分为播种－越冬期、越冬－返青期、返青－拔节期、拔节－抽穗期、抽穗－灌浆期和灌浆－成熟期六个阶段。冬小麦、夏玉米各生长阶段采用最小二乘法计算敏感指数，结果见表 7-8、表 7-9。

根据华北水利水电大学河南省节水农业重点实验室的多年试验资料，夏玉米取 ET_{m1} = 78.76mm，ET_{m2} = 94.31mm，ET_{m3} = 124.06mm，ET_{m4} = 85.73mm，Y_m = 8145.21kg/hm^2，冬小麦取 ET_{m1} = 70.21mm，ET_{m2} = 37.95mm，ET_{m3} = 84.63mm，ET_{m4} = 149.71mm，ET_{m5} = 68.40mm，ET_{m6} = 74.16mm，Y_m = 8162.5kg/hm^2。

表 7-8　垄作模式夏玉米水分敏感指数 λ_i

生育期	播种－拔节期	拔节－抽雄期	抽雄－灌浆期	灌浆－成熟期
λ_i	0.1167	0.2608	0.3139	0.2361

表 7-9　垄作模式冬小麦水分敏感指数 λ_i

生育期	播种－越冬期	越冬－返青期	返青－拔节期	拔节－抽穗期	抽穗－灌浆期	灌浆－成熟期
λ_i	0.1042	0.04572	0.1167	0.2407	0.2628	0.1475

由表 7-8 可知，抽雄－灌浆期夏玉米对水分的敏感程度最大，播种－拔节期对水分的敏感程度最小。由表 7-9 可知，抽穗－灌浆期冬小麦对水分的敏感程度最大，越冬－返青

期对水分的敏感程度最小。因此，抽穗－灌浆期和拔节－抽穗期是冬小麦的需水关键期，为了保证高产稳产，在农田灌溉中要优先满足这两个关键期的需水要求。

第六节　小麦、玉米宽垄沟灌灌溉制度

一、夏玉米灌溉制度

（一）不同水文年夏玉米生长期间的降水量

根据多年的降雨资料，利用皮尔逊-Ⅲ型曲线对降水量进行了频率分析，确定了华北水利水电大学河南省节水农业重点实验室几个主要的降水频率（25％、50％、75％、95％）下的年降水量。然后用与不同水文年的年降水量数值相近年份的降雨资料平均值为基础，将计算得到的各降水频率的年降水量值按月、旬进行分配，计算确定了几个主要降水频率下（25％，50％、75％、95％）的逐月、逐旬降水量值和夏玉米各生育期的有效降水量，见表7-10。

表 7-10　典型水文年夏玉米生育期内的有效降水量

水文年 \ 生育期	播种－拔节期	拔节－抽穗期	抽穗－灌浆期	灌浆－成熟期	全生育期
25％	78.52	92.79	89.57	97.63	358.51
50％	65.52	78.94	71.02	81.22	296.70
75％	54.14	66.38	62.44	68.60	251.56
95％	36.24	53.69	50.45	55.74	196.12

（二）不同水文年夏玉米的净灌溉需水量

根据前面计算得到的夏玉米不同水文年各生育时期的参考作物需水量 ET_0，利用求得的夏玉米不同生育时期的作物系数 K_c，计算不同典型水文年下夏玉米不同生育阶段的需水量及全生长期需水总量，经计算得到不同典型水文年夏玉米各生育时期的净灌溉需水量，计算结果见表7-11。

（三）夏玉米节水高效灌溉制度的制定

根据式(7-32)阶段耗水量与产量的关系模型（Jensen 模型），利用动态规划法优化得到了夏玉米的最优灌溉制度，结果见表7-12。根据表7-12把灌溉定额分配到不同生育时期，具体的灌水时间应根据当时的土壤水分状况而定，当某一生育阶段的土壤水分达到下限指标时，就应对其进行灌水。

表 7-11　典型水文年夏玉米各生育时期的净灌溉需水量

水文年＼生育期	播种－拔节期	拔节－抽穗期	抽穗－灌浆期	灌浆－成熟期	全生育期
25％	30.21	0	28.48	0	58.69
50％	40.51	10.34	51.21	0	102.06
75％	56.86	22.03	72.63	12.58	164.10
95％	70.93	42.87	108.56	29.94	252.30

表 7-12　典型水文年的夏玉米优化灌溉制度

水文年	灌溉可用水量/mm	生育期与灌水时期				Y/Y_m
		播种－拔节期	拔节－抽雄期	抽雄－灌浆期	灌浆－成熟期	
25％	0	0	0	0	0	0.8215
	60	0	60	0	0	0.9316
	120	60	60	0	0	0.9582
50％	60	0	60	0	0	0.9238
	120	0	60	60	0	0.9282
	180	60	60	60	0	0.9824
75％	60	0	60	0	0	0.9076
	120	60	0	60	0	0.8803
	180	60	60	60	0	0.9454
95％	60	60	0	0	0	0.8105
	120	60	60	0	0	0.8553
	180	60	60	60	0	0.8702

二、冬小麦灌溉制度研究

（一）不同水文年冬小麦生长期间的降水量

利用皮尔逊-Ⅲ型曲线对降水量进行了频率分析，确定了华北水利水电大学河南省节水农业重点实验室典型降水频率（25％、50％、75％、95％）的年降水量值。然后用与不同水文年的年降水量数值相近年份的降雨资料平均值为基础，将计算得到的各降水频率的年降水量值按月、旬进行分配，计算确定了几个主要保证率下（25％、50％、75％、95％）的逐月、逐旬降水量值和冬小麦各生育期间的有效降水量（表 7-13）。

（二）不同水文年冬小麦的净灌溉需水量

根据相关计算得到的冬小麦不同水文年各生育时期的参考作物需水量 ET_0，利用求得的各生育时期冬小麦的作物系数 K_c，计算得到不同典型水文年各生育时期冬小麦的需水量及全生长期需水总量，见表 7-14。

表 7-13 典型水文年冬小麦生育期内的有效降水量

水文年＼生育期	播种—越冬期	越冬—返青期	返青—拔节期	拔节—抽穗期	抽穗—灌浆期	灌浆—成熟期	全生育期
25%	80.99	51.37	11.25	62.79	39.57	77.63	323.60
50%	75.52	30.00	5.57	48.94	21.02	61.22	242.27
75%	50.94	42.74	14.33	46.38	21.44	56.60	232.43
95%	38.21	37.14	7.83	43.69	25.45	25.74	178.06

表 7-14 典型水文年冬小麦各生育时期的需水量

水文年＼生育期	播种—越冬期	越冬—返青期	返青—拔节期	拔节—抽穗期	抽穗—灌浆期	灌浆—成熟期	全生育期
25%	60.73	45.23	28.54	159.89	58.05	94.73	447.17
50%	63.01	47.54	29.59	166.50	62.23	97.75	466.62
75%	64.80	47.00	27.83	178.41	66.07	125.18	509.29
95%	63.14	48.24	29.36	196.59	66.01	115.68	519.02

作物净灌溉需水量是在天然条件下需要通过灌溉补充的作物亏缺水量以及为了改善作物生长环境条件所需增加的灌溉水量之和，然后再减去作物生育期地下水毛管上升补给量与土壤储水量的变化。不同典型水文年冬小麦各生育时期的净灌溉需水量计算结果见表 7-15。

表 7-15 典型水文年冬小麦各生育时期的净灌溉需水量

水文年＼生育期	播种—越冬期	越冬—返青期	返青—拔节期	拔节—抽穗期	抽穗—灌浆期	灌浆—成熟期	全生育期
25%	−20.26	−6.14	17.29	97.10	18.48	17.10	123.57
50%	−12.51	17.54	24.02	117.56	41.21	36.53	224.35
75%	13.86	4.26	13.50	132.03	44.63	68.58	276.86
95%	24.93	11.10	21.53	152.87	40.56	89.94	340.93

（三）冬小麦节水高效灌溉制度的制定

要想获得高产，就要充分满足作物的需水要求，但这在水资源较为充足的条件下才能满足需求，如果当地可供调用的水量满足不了农业灌溉水量需求，只能根据当地各个时期可供水量和需要灌溉的作物面积分配水量进行灌溉。

作物生长过程中，无论哪个时期出现水分供应不足，都会造成不同程度的减产，亏缺程度越大，历时越长，减产越严重。所以，就是要通过作物不同生育时期的耗水量与产量的关系，在作物水分生产函数的基础上，对可供水量进行最合理的分配，最终达到单位水量产值最大或区域总产量最大的目标。在这种情况下，遵循的一条主要原则就是要灌好作物增产的关键水。利用动态规划法对冬小麦的最优灌溉制度进行了研究，结果见表 7-16。

表 7-16　典型水文年的冬小麦优化灌溉制度

| 水文年 | 灌溉可用水量/mm | 生育期与灌水时期 | | | | | | Y/Y_m |
		播种－越冬期	越冬－返青期	返青－拔节期	拔节－抽穗期	抽穗－灌浆期	灌浆－成熟期	
25%	0	0	0	0	0	0	0	0.9103
	60	0	0	0	60	0	0	0.9764
50%	60	0	60	0	0	0	0	0.8245
	120	0	0	0	60	60	0	0.9037
	180	0	60	60	0	60	0	0.9725
75%	60	0	0	0	60	0	0	0.7542
	120	0	60	0	0	60	0	0.8729
	180	0	60	0	60	0	60	0.9571
95%	120	0	0	0	60	60	0	0.7825
	180	0	60	0	60	0	60	0.8756
	240	60	60	0	60	0	60	0.9480

第七节　主要结论

本章主要研究了小麦、玉米宽垄沟灌和常规种植模式的作物需水量计算方法，制定了冬小麦、夏玉米的最优灌溉制度。

(1)利用水量平衡方法计算冬小麦、夏玉米生育期内作物的实际蒸发蒸腾量，明确了冬小麦、夏玉米宽垄沟灌的周年耗水量，比传统种植模式节水 65.76～75.59mm。其中，在夏玉米生育期内，常规沟灌种植模式的实测蒸发蒸腾量增加 39.50～43.67mm；冬小麦生育期内，传统平作种植模式的实测蒸发蒸腾量增加 26.26～31.92mm。同时，通过对实测资料计算得出的作物系数值与郑州地区多年平均作物系数的对比分析，发现两者变化过程基本一致。夏玉米宽垄沟灌处理和冬小麦传统平作灌溉处理的作物需水量计算值与实测值更为接近。在缺乏土壤水分观测资料的情况下，可以参照郑州地区多年平均作物系数计算作物需水量。

(2)探明了冬小麦、夏玉米不同生育期的耗水规律。夏玉米在灌浆－成熟期耗水量最大，冬小麦在抽穗－灌浆期达到耗水量的峰值。同时，水分控制下限越高，其耗水量越大。与常规种植模式相比，宽垄沟灌夏玉米各生育期的耗水量均有所减少，冬小麦则在生育前期稍高于传统平作，后期耗水量则显著下降。

(3)冬小麦和夏玉米水分生产效率随着灌水量的增加均呈先提高后下降的趋势。同种种植模式下，70%田间持水量水分控制下限的水分处理在促进产量提高的同时，获得了较高的水分利用效率；相较于常规种植模式，宽垄沟灌在灌水量减少的情况下，水分利用效率分别提高 9.43%～10.39% 和 14.25%～23.03%。小麦、玉米宽垄沟灌能够较好实现冬小麦、夏玉米的节水高产。

（4）建立了宽垄沟灌模式夏玉米和冬小麦的水分生产函数模型：表明夏玉米和冬小麦的产量与全生育期耗水量均呈良好的抛物线关系。用 Jensen 模型和最小二乘法分析计算出宽垄沟灌夏玉米和冬小麦各生育期的水分敏感指数，垄作沟灌模式冬小麦需水关键期为拔节−抽穗期和抽穗−灌浆期，夏玉米需水关键期为拔节−抽雄期和抽雄−灌浆期。同时，提出了宽垄沟灌模式下夏玉米和冬小麦的高效灌溉制度。

第八章 主要成果与结论

第一节 取得的主要成果

一、主要技术成果

在查阅国内外相关文献资料的基础上，采用大田试验、数值模拟和理论研究的技术路线，主要对河南粮食主产区的宽垄沟灌沟垄田规格参数、沟灌技术要素、水流运动特性、作物生理生态特性、作物需水特性和灌溉制度等问题进行了较为深入的研究，取得的主要成果如下。

(1)通过田间试验，对不同沟垄田规格参数的宽垄沟灌水流推进和消退过程进行了观测，研究了沟垄田规格参数、水流推进与水流消退的关系。建立了宽垄沟灌不同沟垄田规格参数下灌溉水流推进距离与时间及水流消退距离与时间的关系。宽垄沟灌条件下水流推进与消退的距离与时间之间均为良好的幂函数关系，不过水流推进距离与时间的幂函数关系更为显著。探明了宽垄沟灌条件下，沟宽、沟深、沟底纵坡和垄宽四种沟垄田规格参数对水流推进和消退的影响规律。随着沟深、沟底纵坡的增大，水流推进的速度越快，随着沟宽、垄宽的增大，水流推进速度变慢，其中，沟底纵坡为影响水流推进耗时的主要因素，垄宽次之。对水流消退过程来说，随着沟宽、垄宽的增大，水流消退速度加快，消退历时减少；随着沟深的增大，消退时长变大；随着沟底纵坡的增大，沟首入渗时间变短，沟尾入渗时间变长，使得灌水沟首、尾入渗时间差异加大。其中，影响水流消退历时的主要因素依然为沟底纵坡，沟宽次之。同时发现，与水流推进相比，四种沟垄田规格参数对水流消退的影响更为显著。建立了宽垄沟灌不同沟宽、沟深、沟底纵坡和垄宽条件下，水流推进距离与推进时间的关系；同时建立了距沟首消退距离与消退时间的幂函数关系。

(2)通过田间试验，采用 origin 统计软件计算了灌水效率 E_a、灌水均匀度 E_d 和储水效率 E_s，应用 MATLAB 软件对不同沟垄田规格参数组合的灌水质量进行了评价，并优化确定了适宜入沟流量。针对河南粮食主产区的小麦、玉米宽垄沟灌的种植模式，对不同沟垄田规格参数组合进行了试验，探索了沟垄田规格参数不同水平对灌水质量评价指标的影响。利用极差分析方法，探明沟底纵坡和垄宽为灌水质量的主要影响因素，沟宽和沟深为次要因素。确定了沟垄田规格最优参数组合。探明了宽垄沟灌条件下不同入沟流量对水流运动的影响。随入沟流量的增大，水流推进速度增大；水流消退时间也变大，不同入沟流量的消退历时差异显著；灌水效率和储水效率先增大后减小，灌水均匀度则呈减小趋势。综合考虑水流运动和灌水质量评价指标，确定适宜入沟流量为1.65L/s，相应的E_d、E_a和E_s分别为92.94%、93.32%和91.73%。

(3)研究了宽垄沟灌条件下累积入渗量和土壤湿润体水分分布特性，分析了不同沟垄田规格参数对二者的影响，采用Hydrus-2D土壤水分运动模型进行了数值模拟。探明了宽垄沟灌不同沟垄田规格参数对累积入渗量的影响规律，随沟宽、垄宽的增大，累积入渗量增大，而沟深、沟底纵坡则与累积入渗量呈负相关关系。沟垄田规格参数中，垄宽为主要影响因素，沟宽次之。揭示宽垄沟灌不同沟垄田规格参数的土壤水分分布变化规律，随着沟宽、沟深、垄宽的增大，沟底部分和垄埂中间的水面交汇处的垂向入渗深度均有不同程度的增大；同70cm垄宽相比，110cm垄宽的土壤水分湿润锋的深度差异更大，同一横截面的入渗均匀性较差；随着沟底纵坡的增大，沟首部分土壤水分垂向和横向湿润逐渐减小，沟尾则与沟首入渗情况相反，且容易发生深层渗漏。沟底纵坡为影响土壤湿润体分布情况的主要因素，沟深和垄宽次之。采用Hydrus-2D土壤水分运动模型对宽垄沟灌的土壤水分入渗过程进行了数值模拟。湿润锋和土壤含水率的模拟值与实测值均具有良好的一致性。

(4)通过大田试验，研究了常规地面灌和宽垄沟灌方式不同水分处理冬小麦、夏玉米的生理生态特性。揭示了宽垄沟灌夏玉米、冬小麦的生育期变化规律：与传统种植模式相比，试验条件下的夏玉米生育期延长了1~2d，冬小麦生育期延长了2~3d；随着灌溉水量的增加，夏玉米和冬小麦的生育周期分别延长4~6d和2~4d。探明了宽垄沟灌的夏玉米和冬小麦的株高、叶面积的生长特性。宽垄沟灌夏玉米、冬小麦叶面积有不同程度增长，绿叶高值持续期延长，有利于作物制造更多的光合同化产物；夏玉米的株高和基部茎粗都有所增长；冬小麦的株高则低于传统平作种植模式，有利于提高冬小麦的抗倒伏能力。夏玉米全生育期的株高、茎粗、灌浆进程，冬小麦的株高、地面干物质积累、叶面积和灌浆进程与播后天数之间具有密切的函数关系。宽垄沟灌为夏玉米的生长发育提供了更加稳定的水分供应，使灌浆速度得到了提高，最终籽粒重提高6.42%~11.70%。同时，宽垄沟灌改变了农田小气候，利于发挥小麦的边行优势，使得冬小麦单株籽粒重和最终干物重分别增加4.31%~6.97%和2.47%~5.30%。确定了不同水分处理与冬小麦、夏玉米宽垄沟灌的作物产量及其构成因子的关系，不同水分处理对夏玉米穗长和百粒重影响微小，但对穗粒数和最终产量影响较大，田间持水量70%水分处理产量最优，达到7853.39kg/hm²；对于冬小麦，穗数、穗粒数、籽粒重及产量受水分控制下限影响较大，随着水分处理的提高，产量也在提高。

(5)研究了宽垄沟灌和常规地面灌条件下作物需水特性，提出了不同水文年冬小麦、夏玉米垄作沟灌的最优灌溉制度。研究了冬小麦、夏玉米宽垄沟灌周年耗水量，利用水量平衡方法计算冬小麦、夏玉米生育期内作物的实际蒸发蒸腾量，明确了宽垄沟灌冬小麦、夏玉米周年耗水量为687.57~886.22mm，比传统平作沟灌降低65.76~75.59mm。其中，在夏玉米生育期内，常规沟灌种植模式的实测蒸发蒸腾量增加39.50~43.67mm；冬小麦生育期内，传统平作种植模式的实测蒸发蒸腾量增加26.26~31.92mm。同时，通过对实测资料计算得出的作物系数值与郑州地区多年平均作物系数的对比分析，发现两者变化过程基本一致。夏玉米宽垄沟灌处理和冬小麦传统平作灌溉处理的作物需水量计算值与实测值更为接近。在缺乏土壤水分观测资料的情况下，可以参照郑州地区多年平均作物系数计算作物需水量。探明了冬小麦、夏玉米不同生育期的耗水规律，夏玉米在灌浆－成熟期耗水量最大，达 5.92~7.37mm，冬小麦在抽穗－灌浆期达到耗水量的峰值 4.18~5.88mm。水分控制下限越高，其耗水量越大。与常规地面灌相比，宽垄沟灌夏玉米各生育期的耗水量均有所下降，冬小麦则在生育前期稍高于畦灌，后期耗水量则明显下降。对比常规平作栽培，宽垄沟灌小麦和玉米水分利用效率分别提高 9.43%~10.39% 和 14.25%~23.03%。冬小麦和夏玉米水分生产效率随着灌水量的增加均呈先提高后下降的趋势。同种灌水方式下，田间持水量 70% 水分处理在促进产量提高的同时，获得了较高的水分利用效率；相对于常规地面灌，宽垄沟灌在灌水量减少的情况下，水分利用效率分别提高 9.43%~10.39% 和 14.25%~23.03%。建立了宽垄沟灌夏玉米和冬小麦的水分生产函数，冬小麦、夏玉米的产量与全生育期耗水量均呈一元二次函数关系。用 Jensen 模型和最小二乘法分析了宽垄沟灌模式作物水分敏感指数，其中冬小麦需水关键期为拔节－抽穗期和抽穗－灌浆期，夏玉米需水关键期为拔节－抽雄期和抽雄－灌浆期。计算了不同水文年(降水频率 25%、50%、75% 和 95%)夏玉米和冬小麦生长期的有效降水量和净灌溉需水量，采用动态规划法优化制定了宽垄沟灌模式下夏玉米和冬小麦的高效灌溉制度。

二、主要经济效益

宽垄沟灌种植模式在河南省粮食主产区大面积推广应用后，既得到了显著的增产效果，水分利用效率也有大幅的提高。采用宽垄沟灌种植技术措施，农户可以依靠机器进行垄作耕作，减少了体力劳动，耕作也达到了平整、高效的效果；采用宽垄沟灌进行田间灌溉，可以使水分得到充分的利用，节水效果明显，作物产量也有较大的提升，品质也有明显的改善。项目实施后，通过秸秆还田，减少了秸秆焚烧所引发的环境污染，进而增加了土壤有机质含量，研究成果取得了显著的生态环保效益和社会经济效益。本书在河南省粮食主产区(洛阳市、三门峡市等)应用最优的垄田规格技术参数组合小麦－玉米宽垄沟灌种植高效节水技术后，减少了冬小麦和夏玉米的灌溉定额，提高了作物水分生产效率、田间灌溉水利用效率和肥料利用率。通过节水，减少了机井的提水量，灌溉成本降低，取得了良好的效果。

第二节　创　新　总　结

一、成果的主要特点

与以往的同类相关研究相比，本书具有如下特点。

(1)实用性。从研究内容的设置到研究计划的实施，始终密切结合当地的实际生产。

在充分借鉴吸收国内外最新研究成果的基础上，紧密结合河南省粮食主产区生产实际进行试验研究，并在应用中不断改进完善，因而主要技术内容有着突出的实用性。

（2）综合性。研究提出的技术内容多为农、水结合的成套农技术，克服了以往单纯研究节水灌溉技术或农业措施的片面性，将二者技术进行有机集成研究，而不是简单地叠加和罗列，发挥农、水成套组合技术的整体优势，为实现农业综合节水、高产高效目标提供新的途径和可靠保证。

（3）可操作性。主要技术成果都已进行应用推广，技术可靠，耕作、栽培、灌水等主要技术内容已制定出操作规程，易于被农民接受和掌握。

二、主要创新点

本书成果的主要创新点如下。

（1）针对河南省粮食主产区的农业生产实际，首次将农业节水技术进行实质性高效融合，强调技术的集成配套、注重技术提升与技术创新，在此基础上，探索适合该区域的农业节水技术发展模式，结合小麦－玉米宽垄沟灌种植技术模式，构成了一个完整的农业高效用水综合技术体系。

（2）针对河南省粮食主产区农业生产的特点，研究了河南省粮食主产区常规沟灌和宽垄沟灌种植模式下作物生理生态特性，通过作物生理生态特性的对比分析，进而得出最优的种植灌水方式。

（3）首次在河南省粮食主产区将栽培技术、耕作与灌水技术等进行有机结合，强化了优质实用和技术创新，提出了与作物宽垄沟灌技术相配套的最优垄田规格技术参数组合，提高了该地区灌溉水利用率、农田水分生产率、粮食产量和经济收益。

主要参考文献

柏立超,邵运辉,岳俊芹,等,2009. 垄作模式下冬小麦边际效应研究[J]. 河南农业科学,6:42-44,48.

操信春,吴普特,王玉宝,等,2012. 中国灌溉水粮食生产率及其时空变异[J]. 排灌机械工程学报,30(3):356-361.

昌龙然,谢德体,慈恩,等,2012. 稻田垄作免耕对根际土壤有机碳及颗粒态有机碳的影响[J]. 西南师范大学学报,37(11):49-53.

陈博,欧阳竹,程维新,等,2012. 近50a华北平原冬小麦-夏玉米耗水规律研究[J]. 自然资源学报,27(7):1186-1198.

陈华,陈炯宏,郭生练,等,2008. 汉江流域参照作物腾发量时空变化趋势分析[J]. 南水北调与水利科技,6(2):28-30.

房全孝,王建林,于舜章,2011. 华北平原小麦—玉米两熟制节水潜力与灌溉对策[J]. 农业工程学报,27(7):37-44.

高传昌,傅渝亮,汪顺生,2011. 秸秆覆盖对冬小麦产量及水分生产效率的影响研究[J]. 中国农村水利水电,(7):12-15.

高传昌,李兴敏,汪顺生,2011. 垄作小麦产量及水分生产效率的试验研究[J]. 灌溉排水学报,30(4):10-12.

高传昌,汪顺生,傅渝亮,等,2011-4. 冬小麦沟灌土壤水分动态和生长发育的试验研究[J]. 南水北调与水利科技,9(2):77-79,83.

高传昌,王兴,汪顺生,等,2013. 我国农艺节水技术研究进展及发展趋势[J]. 南水北调与水利科技,11(1):146-150.

葛建坤,罗金耀,李小平,等,2009. 滴灌大棚茄子需水量计算模型的定量分析比较[J]. 灌溉排水学报,28(5):86-88.

何雨江,汪丙国,王在敏,等,2010. 棉花微咸水膜下滴灌灌溉制度的研究[J]. 农业工程学报,26(7):14-20.

胡志桥,田霄鸿,张久东,等,2011. 石羊河流域主要作物的需水量及需水规律的研究[J]. 干旱地区农业研究,29(3):1-6.

扈婷,郑华斌,陈杨,等,2012. 垄作栽培条件下作物生理特性研究进展[J]. 作物研究,26,(6):702-706.

黄俊铭,解建仓,卢友行,等,2013. 水资源红黄蓝分区管理研究[J]. 水利学报,44(5):527-533.

黄玲,高阳,邱新强,等,2013. 灌水量和时间对不同品种冬小麦产量和耗水特性的影响[J]. 农业工程学报,29(14):99-108.

蒋任飞,阮本清,2010. 基于四水转化的灌区耗水量计算模型研究[J]. 人民黄河,32(5):68-71,74.

寇明蕾,王密侠,周富彦,等,2008. 水分胁迫对夏玉米耗水规律及生长发育的影响[J]. 节水灌溉,11:18-21.

李景蕻,李刚华,杨从党,等,2010. 增加土壤温度对高海拔生态区水稻分蘖成穗及产量形成的影响[J]. 中国水稻科学,24(1):36-42.

李兴敏,2012. 小麦、玉米一体化垄作沟灌高效灌溉制度研究[D]. 郑州:华北水利水电学院.

李玉义,逢焕成,张凤华,等,2009. 新疆石河子垦区主要作物需水特征及水效益比较[J]. 西北农业学报,18(6):138-142.

林性粹,王智,孟文,等,1995. 农田灌水方法及灌水技术的质量评估[J]. 西北农业大学学报,23(5):17-22.

刘炳军,邵东国,沈新平,2007. 作物需水时空尺度特性研究进展[J]. 农业工程学报,23(5):258-264.

刘帆,申双和,李永秀,等,2012. 不同生育期水分胁迫对玉米光合特性的影响[J]. 气象科学,32:1-6.

刘利民,齐华,罗新兰,等,2008. 植物气孔气态失水与SPAC系统液态供水的相互调节作用研究进展[J]. 应用生态学报,19(9):2067-2073.

刘永辉,2013. 夏玉米不同生育期对水分胁迫的生理反应与适应[J]. 干旱区资源与环境,27(2):171-175.

刘钰,惠士博,1986. 畦灌最优灌水技术参数组合的确定[J]. 水利学报,(1):1-10.

路京选,刘寰仁,惠士博,等,1989. 地面灌溉节水技术研究—沟灌水流运动的数值模拟及其应用[J]. 自然资源学报,4(4):330-343.

马法令，孙洪仁，巍臻武，等，2009. 坝上地区紫花苜蓿的需水量、需水强度和作物系数[J]. 中国草地学报，31 (2)：116-120.

马丽，2008. 冬小麦、夏玉米一体化垄作生态生理效应研究[D]. 郑州：河南农业大学.

聂卫波，马孝义，王术礼，2009. 沟灌入渗湿润体运移距离预测模型[J]. 农业工程学报，25，(5)：20-25.

聂卫波，马孝义，王术礼，2009. 沟灌土壤水分运动数值模拟与入渗模型[J]. 水科学进展，20(5)：668-676.

聂卫波，2009. 畦沟灌溉水流运动模型与数值模拟研究[D]. 杨凌：西北农林科技大学.

戚培同，古松，唐艳鸿，等，2008. 三种方法测定高寒草甸生态系统蒸散比较[J]. 生态学报，28(1)：202-211.

强小嫚，蔡焕杰，王健，等，2009. 波文比仪与蒸渗仪测定作物蒸发蒸腾量对比[J]. 农业工程学报，25(2)：12-17.

强小嫚，周新国，李彩霞，等，2010. 不同水分处理下液膜覆盖对夏玉米生长及产量的影响[J]. 农业工程学报，26(1)：54-60.

余冬立，邵明安，俞双恩，等，2011. 黄土高原典型植被覆盖下 SPAC 系统水量平衡模拟[J]. 农业机械学报，42 (5)：73-78.

申孝军，孙景生，刘祖贵，等，2010. 灌溉控制下限对冬小麦产量和品质的影响[J]. 农业工程学报，26(12)：58-65.

粟晓玲，康绍忠，石培泽，2008. 干旱区面向生态的水资源合理配置模型与应用[J]. 水利学报，39(9)：1111-1117.

孙景生，肖俊夫，段爱旺，等，1999. 夏玉米耗水规律及水分胁迫对其生长发育和产量的影响[J]. 玉米科学，7 (2)：45-48.

孙爽，杨晓光，李克南，等，2013. 中国冬小麦需水量时空特征分布[J]. 农业工程学报，29(15)：72-82.

孙西欢，王文焰，1993. 多参数沟灌入渗模型的试验研究[J]. 西北水资源与水工程，4(3)：46-56.

唐文雪，马忠明，张立勤，等，2012. 绿洲灌区垄作沟灌栽培对土壤物理性状和春小麦产量的影响[J]. 西北农业学报，21(8)：84-88.

唐文雪，马忠明，张立勤，等，2012. 绿洲灌区垄作沟灌栽培对土壤物理性状及春小麦产量的影响[J]. 西北农业学报，21(8)：84-88.

唐晓红，罗友进，赵光，等，2010. 长期龙作对水稻土腐殖质特性的影响[J]. 中国农学通报，26(20)：106-112.

唐永金，2005. 作物垄作的几何数学模型[J]. 生物数学学报，20(1)：83-85.

脱云飞，费良军，杨路华，等，2008. 基于 SPAC 系统的作物腾发量模型的试验研究[J]. 农业工程学报，24(1)：29-34.

汪顺生，陈洪涛，高传昌，等，2011. 不同种植模式下夏玉米生长发育及产量的试验研究[J]. 灌溉排水学报，30 (3)：65-67.

汪顺生，费良军，高传昌，等，2012. 不同沟灌方式下夏玉米棵间蒸发试验[J]. 农业机械学报，43(9)：66-71.

汪顺生，费良军，孙景生，等，2011. 控制性交替隔沟灌溉对夏玉米生理特性和水分生产效率的影响[J]. 干旱地区农业研究，29(5)：115-119，138.

汪顺生，2004. 控制性交替隔沟灌溉条件下夏玉米需水量的计算[D]. 郑州：华北水利水电学院.

汪志农，2010. 灌溉排水工程学[M]. 北京：中国农业出版社.

王斌，张展羽，张国华，等，2008. 一种新的优化灌溉制度算法—自由搜索[J]. 水科学进展，19(5)：736-741.

王成志，杨培岭，陈龙，等，2008. 沟灌过程中土壤水分入渗参数与糙率的推求和验证[J]. 农业工程学报，24 (3)：43-47.

王利环，2004. 波涌沟灌条件下土壤水分入渗的研究[D]. 太原：山西农业大学.

王庆杰，李洪文，何进，等，2010. 大垄宽窄行免耕种植对土壤水分和玉米产量的影响[J]. 农业工程学报，26 (8)：39-43.

王声锋，段爱旺，张展羽，等，2010. 基于随机降水的冬小麦灌溉制度制定[J]. 农业工程学报，26(12)：47-52.

王同朝，卫丽，王燕，等，2007. 夏玉米垄作覆盖对农田土壤水分及其利用影响[J]. 水土保持学报，21(2)：129-132.

王小兵，2008. 膜下高频滴灌棉花耗水量与灌溉制度研究[D]. 石河子：石河子大学.

王兴，高传昌，史尚，等，2013. 不同沟灌放是夏玉米耗水特性及产量试验研究[J]. 南水北调与水利科技，11 (5)：136-140.

魏占民，陈亚新，2002. BP 神经网络的春小麦作物-水模型的初步研究[J]. 灌溉排水，21(2)：12-16.

肖俊夫，刘战东，陈玉民，2008. 中国玉米需水量与需水规律研究[J]. 玉米科学，16(4)：21-25.

肖素君, 侯传河, 张会言, 等, 2001. 黄河下游引黄灌区限额供水灌溉制度分析[J]. 人民黄河, 23(12): 12-13, 16.

谢先红, 崔远来, 2010. 灌溉水利用效率随尺度变化规律分布式模拟[J]. 水利科学进展, 21(5): 681-689.

许迪, 康绍忠, 2002. 现代节水农业技术研究进展与发展趋势[J]. 高科技通讯, 12(12): 103-108.

杨艳丽, 2007. 薄膜催化臭氧化去除消毒副产物前体物研究[D]. 兰州: 兰州大学.

岳俊芹, 邵运辉, 汪庆昌, 等, 2009. 不同栽培方式对小麦生理特性及产量的影响[J]. 麦类作物学报, 29(5): 878-880.

张宝忠, 康绍忠, 李思恩, 2008. 应用波比文-能量平衡法估算干旱荒漠绿洲区葡萄园水热通量的研究[C]. 中国农业工程学会农业水土工程专业委员会第五届全国学术会议论文集. 7, 440-446.

张吉祥, 汪有科, 员学锋, 等, 2007. 不同麦秆覆盖量对夏玉米耗水量和生理性状的影响[J]. 灌溉排水学报, 26(3): 69-71.

张可慧, 刘剑锋, 刘芳园, 等, 2010. 河北潜在蒸发量计算与变化趋势分析[J]. 地理与地理信息科学, 26(6): 75-78.

张岁岐, 周小平, 慕自新, 等, 2009. 不同灌溉制度对玉米根系生长及水分利用效率的影响[J]. 农业工程学报, 25(10): 1-6.

张新燕, 蔡焕杰, 付玉娟, 2004. 沟灌二维入渗特性试验研究[J]. 灌溉排水学报, 23(4): 19-22.

张新燕, 蔡焕杰, 2008. 覆膜测渗沟灌二维入渗数值模拟研究[J]. 干旱地区农业研究, 26(6): 87-90.

郑和祥, 史海滨, 程满金, 等, 2009. 畦田灌水质量评价及水分利用效率分析[J]. 农业工程学报, 25(6): 1-6.

中华人民共和国农业部, 2009. 新中国农业60年统计资料[M], 北京: 中国农业出版社.

朱伟, 刘春成, 冯宝清, 等, 2013. "十一五"期间我国灌溉水利用率变化分析[J]. 灌溉排水学报, 32(2): 26-29.

朱霞, 缴锡云, 王维汉, 等, 2008. 微地形及沟断面形状变异性对沟灌性能影响的试验研究[J]. 灌溉排水学报, 27(1): 1-4.

朱霞, 2008. 沟灌技术要素变异规律及对灌水质量的影响研究[D]. 南京: 河海大学.

竺士林, 1963. 水稻田间蒸发蒸腾量的研究[J]. 水利学报, (3): 1-10.

庄严, 梅旭荣, 龚道枝, 等, 2010. 华北平原不同基因型夏玉米水分-产量影响关系[J]. 中国农业气象, 31(1): 65-68.

Abbasi, Fariborz, Rezaee, et al., 2012. Evalution of fertigation in different soils and furrow irrigation regimes[J]. Irrigation and Drainage, 61(4): 533-541.

Abd El-Halim, Awad, 2013. Impact of alternate furrow irrigation with different irrigation intervals on yield, water use efficiency, and economic return of corn[J]. Chilean Journal of Agricultural Research, 73(2): 26-27.

AliHakoomat, Iqbal Nadeem, Ahmad Shakeel, et al., 2013. Performance of late sown wheat crop under different planting geometries and irrigation regimes in arid climate[J]. Soil & Tillage Research, 130: 109-119.

AMPAS V, BALTAS E, 2009. Optimization of the furrow irrigation efficiency[J]. Global NEST Journal, 11(4): 566-574.

Arash Tafteh, Ali Reza Sepaskhah, 2012. Application of HYDRUS-1D model for simulating water and nitrate leaching from continuous and alternate furrow irrigated rapeseed and maize fields[J]. Agricultural Water Management, 113: 19-29.

Banti M, Zissis, Th, Anastasiadou-Partheniou, E. 2011. Furrow Irrigation Advance Simulation Using a Surface-Subsurface Interaction Model[J]. Journal of Irrigation and Drainage Engineering-ASCE, 137(5) 304-314.

Bautista E, Clemmens A J, Strelkoff T S, et al., 2009. Modern analysis of surface irrigation systems with WinSRFR[J]. Agricultural Water Management, 96: 1145-1154.

Berehe F T, Melesse A M, Fanta A, et al., 2013. Characterization of the effect of tillage on furrow irrigation hydraulics for the Dire Dawa Area, Ethiopia[J]. Catena, 110: 161-175.

Bijanzadeh Ehsan, Emam Yahya, 2012. Evaluation of assimilate remobilization and yield of wheat cultivars under different irrigation regimes in an arid climate[J]. Archives of Agronomy and Soil Science, 58(11): 1243-1259.

Blair A W, Smerdon E T, 1988. Unimdal surface irrigation efficiency[J]. Journal of irrigation and drainage engineering ASCE, 114(1): 156-168.

Chen LiJuan, Feng Qi, 2013. Soil water and salt distribution under furrow irrigation of saline water with plastic mulch on ridge[J]. Journal of Arid Land, 5(1), 60-70.

Elliott RL, Walker WR, 1982. Fieldevaluati on offurrow infiltration and advance functions[J] . Transactions of the ASAE, 25(2) : 396 400.

Eskandari Ali, Khazaie Hamid Reza, Nezami Ahmad, et al. , 2013. Effects of drip irrigation regimes on potato tuber yield and quality[J]. Archives of Agronomy and Soil Science, 59(6): 889-897.

Etedali H, Ramezani, Ebrahimian H, Abbasi F, et al. , 2011. Evaluating models for the estimation of furrow irrigation infiltration and roughness[J]. Spanish Journal of Agricultural Research, 9 (2): 641-649.

Fok YS, Bishop AA, 1965. Analysis of water advance in surface irrigation[J] . Irrig and Drain Div, ASCE, 91(1) : 99 117.

Ghamarnia, Houshang, Parandyn, et al. , 2013. An evaluation and comparison of drip and conventional furrow irrigation methods on maize[J]. Archives of Agronomy and Soil Science, 59(5): 733 -751.

Gholamhoseini Majid, AghaAlikhani Majid, Sanavy Seyed Ali Mohammad Modarres, et al. , 2013. Response of Corn and Redroot Pigweed to Nitrogen Fertilizer in Different Irrigation Regimes [J]. Agronomy Journal, 105 (4): 1107-1118.

Hamed Ebrahimian, Abdolmajid Liaghat, 2011. Field Evaluation of Various Mathematical Models for Furrow and Border Irrigation Systems[J]. Soil&Water Rrs. , 6(2): 91-101.

Hongyong Sun, Yanjun Shen, Qiang Yu, et al. , 2010. Effect of precipitation change on water balance and WUE of the winter wheat – summer maize rotation in the North China Plain [J]. Agricultural Water Management, 97: 1139-1145.

Houshang Ghamarnia, Salomah Sepehri, 2010. Different irrigation regimes affect water use, yield and other yield components of safflower (Carthamus tinctorius L.) crop in a semi-arid region of Iran[J]. Journal of Food, Agriculture &. Environment, 8(2): 590-593.

Ji X B, Kang E S, Zhao W Z, et al. , 2009. Simulation of heat and water transfer in a surface irrigated, cropped sandy soil[J]. Agricultural Water Management, 96: 1010-1020 .

Klocke N L, D F Heermann, H R Duke. 1983. Measurement of evaporation and transpiration of with lysimeters[J]. Trans. of the ASAE, 28(1): 183-189.

Kuscu Hayrettin, Demir Ali Osman, 2013. Yield and Water Use Efficiency of Maize under Deficit Irrigation Regimes in a Sub-humid Climate[J]. Philippine Agricultural Scientist, 96(1): 32-41.

Lazarovitch N, Warrick A W, Furman A, et al. , 2009. Subsurface Water Distribution from Furrows Described by Moment Analyses[J]. Journal of Irrigation and Drainage Engineering-ASCE, 135 (1)7-12.

Levien S L A, Souza F, 1987. Algebraic computation of flow in furrow irrigation [J]. Journal of Irrig. and Drain. Eng. ASCE. , 113(3): 367-377.

Lewis M R, Milne W E, 1938. Analysis of border irrigation [J]. Agric. Eng. , 19: 267-272.

Li Q Q, Zhou X B, Chen Y H, et al. , 2010. Grain yield and quality of winter wheat in different planting patterns under deficit irrigation regimes[J]. Plant Siol Environ. , 56(10): 482-487.

Li Q Q, Zhou X B, Chen Y H, et al. , 2010. Grain yield and quality of winter wheat in different planting patterns under defict irrigation regimes[J]. Plant Soil Environ. , 56(10): 482-487

Li Quanqi, Chen Yuhai, Liu Mengyu, et al. , 2008. Effects of irrigation and planting patterns on radiation use efficiency and yield of winter wheat in North China[J]. Agricultural Water Management, 95: 469-476.

Li Quanqi, Chen Yuhaib, Liu Mengyu, et al. , 2008. Effects of irrigation and planting patterns on radiation use efficiency and yield of winter wheat in North China[J]. Agricultural Water Management, 95: 469-476.

Liu Meixian, Yang Jingsong, Li Xiaoming, et al. , 2013. Distribution and dynamics of soil water and salt under different drip irrigation regimes in northwest China [J]. Irrigation Science, 31(4): 675-688.

Liu Yi, Shen Yufang, Yang Shenjiao, et al. , 2011. Effect of mulch and irrigation practices on soil water, soil temperature and the grain yield of maize (Zea mays L) in Loess Plateau, China[J]. African Journal of Agricultural Research, 6(10): 2175-2180.

Mailapalli D R, Raghuwanshi N S, Singh R, 2009. Physically Based Model for Simulating Flow in Furrow Irrigation. II: Model Evaluation[J]. Journal of Irrigation and Drainage Engineering, 135(6): 747-754.

Mailapalli Damodhara R, Wallender Wesley W, Burger Martin, et al., 2010. Effects of field length and management practices on dissolved organic carbon export in furrow irrigation [J]. Agricultural Water Management, 98 (1): 29-37.

Michael H Cosh, Steven R, 2012. Evett b, Lynn McKee. Surface soil water content spatial organization within irrigated and non-irrigated agricultural fields[J]. Advances in Water Resources, 50: 55-61.

Mohammad Valipour. 2013. Increasing irrigation efficiency by management strategies: cutback and surge irrigation [J]. ARPN Journal of Agricultural and Biological Science, 8(1): 35-43.

Moravejalahkami B, Mostafazadeh-Fard B, Heidarpour M, et al., 2012. The effects of different inflow hydrograph shapes on furrow irrigation fertigation[J]. Biosystems Engineering, 111(2): 186-194.

Panigrahi P, Sahu N N, 2013. Evapotranspiration and yield of okra as affected by partial root-zone furrow irrigation [J]. International Journal of Plant Production, 7(1): 33-54.

Parmodh Sharma, Manoj K. Shukla, Theodore W. Sammis, et al., 2012. Nitrate-nitrogen leaching from three specialty crops of New Mexico under furrow irrigation system[J]. Agricultural Water Management, 109: 71-80.

Pascual-Seva N, San Bautista A, Lopez-Galarza S, et al., 2013. Furrow-irrigated chufa crops in Valencia (Spain). I: Productive response to two irrigation strategies[J]. Spanish Journal of Agricultural Research, 11(1), 258-267.

Pedram Kashiani, Ghizan Saleh, Mohamad Osman, et al., 2011. Sweet corn yield response to alternate furrow irrigation methods under different planting densities in a semi-arid climatic condition [J]. African Journal of Agricultural Research, 6(4): 1032-1040.

R K Naresh, B Singh, S P Singh, et al., 2010. Furrow irrigation raised bed (FIRB) plangting technique for diversification of rice-wheat system for western IGP region[J]. International Journal of Life Science Biotechnology and Pharma Research, 1(2): 134-141.

Ramalan A A, Nwokeocha, C U, 2000. Effects of furrow irrigation methods, mulching and soil water suction on the growth, yield and water use efficiency of tomato in the Nigerian Savanna[J]. Agricultural Water Management, 45: 317-330.

Rasoulzadeh A, Sepaskhah A R, 2003. Scaled infiltration equations for furrow irrigation [J]. Biosystems Engineering., 83(6): 375-383.

Reddy J M, Singh V P, 1994. Modeling and error anaiysis of Kinematics-wave equations furrow irrigation[J]. Irrigation Science, 15(2): 113-121.

Reddy, Mohan J, Jumaboev K, Matyakubov, B., et al., 2013. Evaluation of furrow irrigation practices in Fergana Valley of Uzbekistan[J]. Agicultural Water Management, 117: 133-144.

Romero Pascual, Martinez-Cutillas Adrián. 2012. The effects of partial root-zone irrigation and regulated deficit irrigation on the vegetative and reproductive development of field-grown Monastrell grapevines[J]. Irrigation Science, 30(5): 377-396.

Sanchez, I., Faci, Zapata J M N, 2011. The effects of pressure, nozzle diameter and meteorological conditions on the performance of agricultural impact sprinklers[J], Agric Water Management, 102(1): 13-24.

Schmitz G. H., Gunther J. S. 1990. Analytical model of level basin irrigation [J]. Journal of Irrig. and Drain. Eng. ASCE., 115(1): 78-95.

Shahidian S, Serralheiro R P, Serrano J M, 2013. Practical issues in development in developing a smart surface irrigation system with real-time simulation of furrow advance [J]. Irrigation and Drainage, 62(1), 25-36.

Shahrabian Ehsan, Soleymani Ali. 2011. Response of forage maize hybrids to different regimes of irrigation[J]. Research on Crops, 12(1): 53-59.

Simsek Mehmet, Can Abdullah, Denek Nihat, et al. 2011. The effects of different irrigation regimes on yield and silage quality of corn under semi-arid conditions[J]. African Journal of Biotechnology, 10(31): 5869-5877.

Souza F. 1981. Nonlinear hydrodynamic model of furrow irrigation [D]. Thesis presented totheUniversityof California, at Davus, Calif., in partial fulfillment of the requirements for the degree of Doctor Philosophy.

Strelkoff T, Katapodes N D, 1977. Border irrigation hydraulics using zero inertia [J]. Journal of Irrig. and Drain. Eng. ASCE., 103(3): 325-342.

Subramani J, Martin E C, 2012. Effects of every furrow VS. every other furrow surface irrigation in cotton[J]. Applied Engineering in Agricultural, 28(1): 39-42.

Thind H S, Buttar G S, Aujla M S, 2010. Yield and water use efficiency of wheat and cotton under alternate furrow and check-basin irrigation with canal and tube well water in Punjab, India [J]. Irrigation Science, 28(6): 489-496.

Trout T J, 1992. Flow velocity and wetted perimeter effects on furrow infiltration [J]. Trans. ASAE., 35 (3): 855 -863.

Vogel T, Hopmans J W, 1992. Two-dimensional analysis of furrow infiltration [J]. Journal of Irrig. And Drain. Eng. ASCE., 118(5): 791-806.

Walker W R, Skogerboe G V, 1968. Surface irrigation: Theory and practice [M]. Prentice-Hall Inc, New Jersey.

Walker WR, 2005. Multi-level calibration of furrow infiltration and roughness[J], Journal of Irrigation and Drainage Engineering, ASCE, 131(2): 129-135.

Wang Shunsheng, Fei Liangjun, Gao Chuanchang, 2013. Experimental study on water use efficiency of winter wheat in different irrigation methods[J]. Nature Environment and Pollution Technology, 12(1): 183-186.

Wang Shunsheng, Gao Chuanchang, 2011. Study about Planning and Construction of urban Based on Eco-city Theory [J]. Applied Mechanics and Materials, 71-78: 220-223.

Wang Shunsheng, Gao Chuanchang, Wang Xing, 2013. Effects of planting patterns on leaf area index, ground dry matter and yield of summer maize [J]. Nature Environment and Pollution Technology, 12(3): 543-545.

Wang Shunsheng, Wang Songlin, Gao Chuanchang, 2011. Study on Effects about the Growth of Summer Maize by different Furrow irrigation way[J]. Applied Mechanics and Materials, 71-78: 2818-2821.

WangShunsheng, Fei Liangjun, Han Yuping, et al., 2010. Fuzzy comprehensive evaluation of water level in Weihe River based on multi-objective and multi-leve[C]. 2010 International Conference on Computer and Communication Technologies in Agriculture Engineering, CCTAE: 488-491.

WangShunsheng, Sun Jingsheng, Gao Chuanchang. 2010. Research on the effect of controlled alternate furrow irrigation on soil evaporation[C]. 2nd Conference on Environmental Science and Information Application Technology, ESIAT: 137-140.

Zhang Shiyan, Duan, Jennifer G, Strelkoff, Theodor S., et al., 2012. Simulation of Unsteady Flow and Soil Erosion in Irrigation Furrows[J]. Journal of Irrigation and Drainage Engineering-ASCE, 138(4): 294-303.

Zhang Yongyong, Wu Pute, Zhao Xining, et al., 2013. Simulation of soil water dynamics for uncropped ridges and furrows under irrigation conditions[J]. Canadian Journal of Soil Science, 93(1), 85-98.

Zhi Wang, Dawit Zerhun, Jan Feyen, 1996. General irrigation efficiency for field water management[J]. Agricultural Water Managerment, 30(2): 123-132.

Zoebl D, 2006. Is water productivity a useful concept in agricultural water management [J]. Agricultural Water Management, 84: 265-273.